KB158586
OLYMPIA
THEATRE
BAKER-REVUE
PARIS

Endles
February

WRITER'S LETTER

'가이드북'에 대한 불신이 가득했던 때가 있었습니다. 스물한 살, 첫 배낭여행지였던 남미에서 가장 기억에 남는 순간은 업데이트 되지 않은 가이드북을 손에 쥐고 길을 헤맸던 나날들입니다. 그 이후엔 '최신' 가이드북에 집착 했고, 가이드북에 쓰여있는 대로만 가면 어김없이 '그 곳'에 도착했습니다. 하지만 이는 곧 모두가 지나가는 길을 나도 그저 따라가고 있을 뿐이라는 허탈감을 안겨주었습니다.
과분했던 회사 생활을 접고 떠난 세계 배낭여행, 가이드북 대신 열심히 수집한 정보들을 여행 초기에 컴퓨터 바이러스로 홀라당 날리고 나서야 지금까지도 든든한 버팀목이 되어주는 '진정한 여행'을 경험했습니다.
'여행'의 의미가 사람마다 다르듯 파리를 찾는 이유도 분명 제각각 일 겁니다. <트립풀 파리>를 통해 정답이 아닌 '여행의 즐거움'을 발견할 수 있는 다양한 방법들을 제시하려고 노력했습니다. 파리에 살며 틈틈이 카메라를 들고 꾸미지 않아도 멋스러운 파리의 민 낯을 열심히 담고, 파리에서 태어나고 자란 로컬들이 직접 하는 '동네 투어'에 참가하여 그들의 일상 이야기를 귀담아 들었습니다. 한국 여행자들에게 파리 소개를 부탁하며 직접 만난 현지인들의 인터뷰 글을 통해 정확한 정보는 물론 그들의 마음까지도 잘 전달되었으면 하는 바람입니다.
여러 나라들을 거쳐 파리에 정착한 저와 파리지앵들이 함께 만든 <트립풀 파리>로 여행자들과 현지인들 간의 소통이 이루어 지기를 기대해 봅니다.

이연실

CONTENTS

Issue
No.12
—
2022

PARIS
파리
—
지베르니 · 베르사유
오베르 쉬르 우아즈 · 모레 쉬르 루앙

WRITER
작가 이연실

문학을 통해 남미에 대한 환상을 가졌고, 멕시코에서 인류학을 공부하며 세계여행을 꿈꾸게 되었다. 나름 괜찮았던 한국 생활과 존경했던 직장상사와 동료들, 늘 응원해주던 가족과 친구들에게 한 작별 인사가 이렇게 오랜 이별이 될 줄은. 800일이 넘는 배낭여행 도중 뜬금없이 승무원이 되었고, 5년에 가까운 비행을 하며 더 이상 몇 개의 나라를 가봤는지 세는 일도 없어졌다. 여행에 지칠 때쯤 정착한 파리에서 여전히 여행을 하고 있다.

Tripful = Trip + Full of
트립풀은 '여행'을 의미하는 트립TRIP이란 단어에 '~이 가득한'이란 뜻의 접미사 풀-FUL을 붙여 만든 합성어입니다. 낯선 여행지를 새롭게 알아가고 더 가까이 다가갈 수 있도록 도와주는 여행책입니다.

※ 책에 나오는 지명, 인명은 외래어 표기법을 따르되 프랑스어의 발음과 차이가 있을 경우 발음에 가깝게 표기했습니다.

PREVIEW : MY LITTLE PARIS

12

SPOTS TO GO : AREA

SPOTS TO GO : THEME

EAT UP

78

LIFE STYLE & SHOPPING

102

PLACES TO STAY

ATTRACTIVE SUBURBS : AROUND PARIS

137

PLAN YOUR TRIP

MAP

WHERE YOU'RE GOING

파리는 중심인 1구부터 오른쪽 시계 방향으로 크게 돌며 20구까지 ‘아홍디스멍ARRONDISSMENTS’이라 불리우는 구로 나뉘어져 있다. 과거를 바탕으로 현재가 자연스럽게 스며든 20개의 구는 각각 뚜렷한 특징과 고유의 분위기를 자아낸다.

루브르 – 1구

지형적으로 파리의 가장 중심에 해당하며, 역사적인 명소들이 대거 위치해 파리에서 가장 고풍스러운 느낌이다.

에펠탑 – 7구

아침에 보고, 낮에 또 보고, 밤에 한 번 더 봐도 질리지 않는 에펠탑. 똑바로 보고, 옆으로 흘겨 보고, 뒤태마저도 아름다운 걸 어찌 하리.

라틴 지구 & 생 제르망 - 5,6구

파리에서 가장 오랜 역사를 지닌 라틴 지구와 파리 시크를 대표하는 생 제르망 지역은 서로 이웃하며 오래됨과 시크함이 아슬아슬하게 교차하는 지점.

몽마르뜨 - 18구

빈티지한 건물과 레트로 스타일의 카페, 화가들의 광장에 돋보기를 대고 자세히 보면 19-20세기 예술가들의 커다란 발자국이 짙게 남아 있다.

마레 지구 – 3,4구

상점, 레스토랑, 카페가 자리잡고 있는 17-18세기의 고급 저택들 사이로 현지인들과 관광객들이 뒤섞여 과거와 현재의 파리를 공유한다.

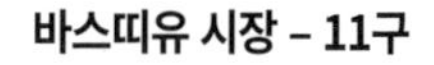

바스띠유 시장 – 11구

현지인들의 그날그날 밥상을 책임지는 재래시장. 장사꾼들이 목청을 높이고, 현지인들은 귀를 쫑긋 세운 채 분주한 손놀림으로 식재료를 고른다.

시떼섬 & 생 루이섬 - 4구

석조 다리 하나를 사이에 두고 노트르담 성당의 기품이 느껴지는 시떼섬과 고급진 건물들이 늘어선 우아한 생 루이섬이 마주보고 있다.

Spot Information

1. 개선문
2. 샹젤리제
3. 에펠탑
4. 생뚜앙 시장
5. 오페라
6. 방돔 광장
7. 루브르
8. 로댕 미술관
9. 뤽상부르 공원
10. 몽마르뜨 언덕
11. 피카소 미술관
12. 노트르담 성당
13. 팡테옹
14. 생 마르땅 운하
15. 페르 라쉐즈 묘지
16. 보쥬 광장
17. 바스띠유 시장

PREVIEW: MY LITTLE PARIS

“Être parisien, ce n'est pas être né à Paris, c'est y renaître.
파리지앵이 되는 것은 파리에서 태어나는 것이 아니라, 파리에서 다시 태어나는 것이다.”

서랍 속 깊숙히 넣어 놓은 어린 시절의 장난감처럼, 마음속에 늘 간직하고 싶은 도시, 파리.
어느날 문득 떠올릴 때, 행복을 느끼게 해주는 ‘나만의 작은 세상’이기를.

01

LA VIE PARISIENNE : 파리, 그들의 삶에 반하다

02

ANALOG CHARM OF PARIS : 아날로그 파리

03

PARIS & PARISIANS : 파리와 파리지앵

Arc de Triomphe de L'étoile 개선문(전망대 전경)

La vie Parisienne

1

파리, 그들의 삶에 반하다

PREVIEW

파리가 여행자들의 성지로 꾸준한 인기를 이어오는 동안 '파리지앵'은 시크함의 대명사로 자리매김했다.
물론 그 이미지는 텔레비전이나 잡지의 사진들을 통해 보여지는 그들의 세련된 겉모습 때문만은 아닐 것이다. 직접 파리를 가 본 사람만이 느낄 수 있는, 평범한 일상을 특별하게 만들 줄 아는 그들만의 라이프 스타일.
파리에 단 하루라도 머물 기회가 된다면, 한 번 쯤은 파리지앵처럼 살아보는 것도….

#프렌치 패러독스

파리에 살며 바라본 이곳 사람들의 삶은 모순투성이다.
기름기 많은 음식과 와인을 즐기는 프랑스인들이 의외로 심장질환으로 인한 사망률이 낮다는 역설적인 현상에서 나온 '프렌치 패러독스 French Paradox'라는 표현이 단순히 식문화에만 국한되는 것이 아까울 정도다.
하루 건너 하루는 먹구름이 가득한 겨울, 우산도 쓰지 않은 채 축축한 빗속을 무심하게 걷는 파리지앵들. 비가 이토록 많이 오는 도시에 살면 1인 1우산도 모자랄 법 한데, '어차피 잃어버릴 우산'이라며 그 존재의 가치마저 짓밟아 버리는 그들이다.
구름 사이로 새나오는 실낱같은 햇살을 혹여나 놓칠까 볕 좋은 카페 테라스의 테이블을 두고 보이지 않는 눈치싸움을 벌이지만, 정작 맑은 날의 확률이 가장 높은 7,8월이면 한 달이 넘는 휴가를 떠나고 도시 전체를 안면도 없는 관광객들에게 내어주는 관대한 사람들.
고상하다 못해 복잡하기로 소문난 프랑스의 식사 예절에 개혁이라도 일으키듯, 다 먹고 난 접시에 남은 소스를 아무렇게나 뜯은 바게트 조각으로 싹싹 발라 먹는 모습을 보면 그들은 '에티켓'이라는 단어마저 주머니에 구깃구깃 넣어 버렸을 것만 같다.
하루 일과를 마치고, 반 값에 술을 마실 수 있는 해피 아워Happy Hours를 만끽하는 파리지앵들의 손에 와인 잔보다 맥주 잔이 더 많이 보이는 요즘. 심지어 젊은층들 사이에서 수제 맥주가 인기인걸 보면 '프렌치 패러독스'라는 유명한 표현조차 모순으로 만들려는 그들의 역습은 이미 시작된 셈이다.

#파리지앵이 파리를 즐기는 은밀한 방법

파리의 어떤 명소든 마찬가지다. 지하철에서 내리는 순간 수많은 인파에 떠밀려 어느새 목적지에 도달해있다. 에펠탑 열쇠고리를 파는 장사꾼이 능숙한 한국어로 말을 걸어와 반갑다가도, 잠시라도 정신 줄을 놓았다가는 소매치기에게 본의 아닌 선심을 베풀고 마는 이상한 마력의 도시. 관광객들이 파리의 환상과 현실의 경계선을 아슬아슬하게 줄타기 하는 동안 파리지앵들은 파리의 보물들이 손에 닿을 듯 닿지 않는 곳에서 줄다리기를 한다.
오랜만에 찾은 퐁피두 현대 미술관에서 전시회를 감상하고 옥상에 다다르니 노트르담 성당이 한 눈에 보이고, 조용히 앉아 책 읽기 좋아 동네 사람들도 종종 찾는 발자크의 집 한적한 정원에서 넌지시 바라보는 에펠탑. 개선문과 에펠탑이 보이는 비싼 호텔 방을 잡는 대신, 생일을 빌미 삼아 두 개를 한 번에 볼 수 있는 별 다섯 개 호텔의 루프톱바를 예약한다.
하지만 어쩌면 파리에서는 이 모든 것이 괜한 사치 일지 모른다. 생 마르땅 운하에 앉아 마시는 깡맥주 한 병이 얼마나 기가 막힌데.

#에스프레소 한 잔, 따뜻한 크루아상 하나

오전 8시는 되어야 출근길이 절정에 달하는 파리, 필자의 동네에는 새벽 여섯 시 반에 문을 여는 빵집이 있다. 더 이른 새벽부터 출근한 제빵사는 이제 막 오븐에서 나온 빵들을 분주하게 나르고,

활기 넘치는 "봉쥬~" 인사 소리가 손님들과 점원 사이를 메아리처럼 오가며 빵집을 가득 메운다. 재빠른 손놀림으로 뽑아주는 쌉싸름한 에스프레소 한 잔과 종잇장보다도 얇은 겉은 바삭바삭하고, 버터 향이 가득한 속은 쫄깃쫄깃한 크루아상 하나. 동전 몇 개와 맞바꾼 간단한 아침식사를 챙겨 출근길을 재촉하는 사람들. 하루 중 가장 향기롭고 경쾌한 이 순간은 어느 날 파리를 떠났을 때 가장 그리운 추억으로 남을 것 같다.

도시의 치열한 하루 중 쉼표가 필요한 순간,
텁텁한 한숨을 누군가에게 들키지 않고 내 쉬어 버릴 수 있는 탁 트인 공간.
지갑을 열지 않고도 편히 앉아 내 이야기를 들어줄 누군가에게 마음껏
털어놓을 수 있는 작은 벤치. 파리가 슬며시 보내는 위로.

혼자여도 어색하지 않은, 혼자만 눈에 담고 싶은,
혼자에게 더 많은 이야기를 들려주는 파리.
둘이여도 질투하지 않는, 둘이 함께 간직하고 싶은,
둘이 속삭인 비밀은 반드시 지켜주는 파리.

하루 종일 파리지앵들의 발길이 끊이지
않는 불랑제리Boulangerie(빵집).
겉이 바삭바삭한 크루아상과 빵 오 쇼콜라로 시작하는 아침.
점심에는 햄과 치즈, 샐러드가 듬뿍 들어간 바게트 샌드위치.
퇴근길, 한 손에는 저녁 식사에 곁들일 길다란 바게트.
전자레인지에 바로 데워주는 키쉬Quiche는 얼마나 맛있게요.

자고로 보물이란 먼지를 훌훌 털어내야 찾을 수 있는 것.
쾌쾌한 냄새는 낡음이 아니라 오랜 세월을
견뎌낸 자랑스러운 훈장. 반질반질한 물건이 더 견고한 법.
나만 몰랐던 아날로그 감성을 찾아….

키쉬Quiche : 달걀이 주 재료인 프랑스 로렌 지방의 파이

카페 테라스에 앉아 볕이 좋은 오후를 만끽하는 동네 사람들,
어제와 같은 오늘을 묵묵히 살아가는 사람들,
찰나의 인연에서 즐거움을 찾는 행인들,
세상의 걱정은 짊어지지 않아도 되는 아이들,
사람이 풍경이 되는 도시.

Analog Charm of Paris

2

PREVIEW

아날로그 파리

내 의사와는 상관없이 빠르게 변해가는 삶 속에서 지칠 때가 있다.
손글씨로 쓴 편지를 부치기 위해 우표를 사러 가는 것도,
지지직 소리가 나는 라디오 주파수를 맞추는 일도.
지금 와서 생각해 보면 그리 귀찮지 만은 않았던 추억이 가슴 한편에
아른거릴 때, 빛 바랜 사진 속의 향이 도시 구석구석 은은하게
남아 있는 파리가 위로가 되어 줄 지도….

01 La Belle Epoque

1870년, 건축가 오스만Georges Eugène Haussmann의 총괄 하에 넓은 대로가 힘차게 뻗어 위엄을 과시하고 그 사이를 화려한 건축물로 장식하는 도시 계획이 거의 마무리되며 파리는 완벽하게 변신했다. 때 마침 유럽에는 동식물을 사용한 우아한 곡선 무늬가 주를 이루는 '새로운 예술'이라는 뜻의 아르누보Art Nouveau가 건축, 회화, 의상에까지 유행처럼 번지기 시작하는데. 이로써 경제적 풍요 뿐 아니라 영혼까지도 평안했던 시절이 있었으니, 19세기 말부터 20세기 초, 프랑스는 이 시절을 '벨 에포크La Belle Epoque' 즉, '아름다운 시대'라 일컫는다.

영화 <미드나잇 인 파리Midnight in Paris>에서 길Gill은 마차를 타고 '벨 에포크'로 시간 여행을 떠난다. 파티장 문을 열자 헤밍웨이 Ernest Hemingway(1899.08.21~1961.07.02)가 술을 마시고 있고, 자신이 제일 좋아하는 콜 포터Cole Porter(1891.06.09~1964.10.05)가 노래를 부른다. 자신의 글을 보여주기 위해 거트루드 스타인Gertrude Stein (1874.02.04~1946.07.26)의 살롱에 갔다가 아드리아나를 보고 첫 눈에 반하지만, 하필이면 그녀는 피카소Pablo Picasso (1881.10.25~1973.04.08)의 애인.
이렇게 이름만 들어도 입이 떡 벌어지는 예술가들이 살았던 시절이라니. 지나고 나서야 그 시대를 '벨 에포크'였다고 기억한다면, 100년이 지난 후 현재의 파리는 어떤 시대로 불리울지 궁금해진다.
영화의 마지막 장면에서 길과 가브리엘이 비를 맞으며 나란히 걷는 장소는 알렉상드르 3세교. 1889년과 1900년 파리 만국박람회를 기회로 삼아 웅장함과 럭셔리함을 도시의 이미지로 굳히고자 하던 시기에 지어진 에펠탑, 그랑팔레 등과 함께 '벨 에포크' 시대의 대표적인 건축물로 손꼽힌다.
셀 수 없이 많은 관광객들이 파리에 오는 이유는 단순히 맛집을 찾아 다니고, 명소를 직접 눈으로 보겠다는 욕심만은 아닐 것이다. 쉴새 없이 카메라 셔터를 눌러대며 나 자신에게 조차 숨기고 싶은 막연한 기대감, 그건 바로 '내 인생의 '벨 에포크'를 찾는 것'이 아닐까.

02 Bouquinistes de Paris

파리에는 그 길이가 약 3km에, 30여만 권의 책들로 채워진 세상에서 가장 긴 서점이 있다. 노트르담 성당이 위치한 시떼섬부터 오르세 미술관에 이르는 이 긴 서점은 길이 2m, 넓이 0.75m의 나무로 된 280여 개의 매대로 이어져 있고, 그 양쪽 거리 사이로는 파리의 센느강이 흐른다. 각 매대의 주인들은 '부키니스트Bouquinistes'라 불린다. '작은 책을 판매하는 사람들'이라는 뜻이다.

03 Moulin Rouge

모네, 르누아르, 반 고흐와 같은 화가들은 굽이굽이 좁은 골목길, 굴곡이 멋스러운 언덕, 자그마한 선술집의 어여쁜 여인들을 그리기 위해 몽마르뜨를 찾곤 했다. 하지만 19세기 말 몽마르뜨는 특유의 시골스러운 면모를 조금씩 잃어가며 화가들의 발길이 끊기고 도시의 환락가로 추락하고 마는데….

1889년 10월 6일, 몽마르뜨 밑자락에 새로운 장르의 카바레가 대망의 문을 연다. 그 이름하여, 물랑 루즈Moulin Rouge!

1606년 센느강 위를 가로지르는 최초의 다리인 퐁네프 다리가 완성되자, 그 전까지 책을 보따리에 지고 다니며 팔았던 행상인들은 다리 주변을 집중 공략하여 노점을 형성하기 시작한다.
17-18세기 중반, 절대왕정 시기에 국가에 반하는 국민들의 생각을 고취시키는 책을 판매한다는 이유로 부키니스트들은 위협을 당하지만, 1789년 프랑스혁명을 계기로 그들은 조합을 만들어 단결하며 자신들의 위치를 더욱 더 단단히 굳혀갔다. 만국박람회가 한창이던 1900년, 부키니스트의 수는 약 200명으로 부쩍 늘어나고, 그 수가 약 240명으로 기록되는 1991년에는 유네스코 세계문화 유산으로 지정되는 영광까지 얻었다.
현재에도 부키니스트들은 오래된 녹색 나무 매대를 열고 프랑스에서 점차적으로 사라져가는 고서적들을 판매한다. 1950년대 르 몽드Le Monde 신문이나 1960년대 패션잡지, 다양한 해에 인쇄된 <어린왕자> 책도 찾아볼 수 있다.
인터넷과 전자 서적의 등장으로 종이 책이 위기에 몰린 요즘, 마치 세상의 변화를 그들만은 비껴간 듯 부키니스트들이 현재까지 존재하는 데에는 파리시의 도움이 한 몫 한다. 새로 출판되는 책은 판매할 수 없다는 것을 원칙으로 하되, 비가 많이 오는 파리 날씨를 감안하여 일주일에 최소 4번은 문을 연다는 조건으로 자릿세와 세금을 면제해줬다.
많은 사람들이 오해하듯, 그들은 단순히 헌책방 주인이거나 모형 에펠탑과 엽서를 파는 기념품 판매상이 아니다. 오늘날 특별히 깊지도, 넓지도 않은 센느강이 아름답게 여겨지는 이유는 그 흐름을 따라 묵묵히 자리를 지키고 있는 부키니스트들이 있기 때문이란 것을 기억하자.

죠셉 올레Joseph Oller와 샤를 지들레Charles Zidler, 이 두 명의 사업가는 '절대로 본 적 없는' 공연을 만들겠다는 야심찬 계획을 갖고 힘을 합쳤다. 그들은 대중들을 열광시키는 요소들을 정확하게 알고 있었다. 괴상한 장식, 어마어마한 크기의 무대, 세계적인 서커스에서 영감을 얻은 현란한 볼거리. 파리 사람들 전체가 몽마르뜨의 그 자그마한 공간에 몰려와 즐길 수 있다면 뭐든지 할 준비가 되어 있었다. 도대체 그 작은 공간에 어떻게 집어 넣었는지, 1889년 만국박람회가 끝나고 남겨진 어마어마한 크기의 코끼리까지 그 안에서 다시 볼 수 있을 정도였다고.
당시로서는 기상천외하며 파격적이었던 물랑 루즈는 문을 연지 몇 달 만에 대도시의 부르주아들이 자신들의 품위 따위는 잠시 잊고 술집 여자들 같은 미친한 사람들과 어울리러 오는 핫플레이스로 등극한다.
그 당시 일반 카바레Cabaret들이 그저 그런 공연을 보며 술을 마시는 곳이었다면, 물랑 루즈는 검정 스타킹을 허벅지까지 한껏 치켜 올리고 프렌치 캉캉French Cancan을 추는 무용수들에 열광하며 방탕함을 즐기는 은밀한 축제 장소였다.
오늘날의 물랑 루즈는 그 초심을 잃었을지는 몰라도, '벨 에포크'의 또 다른 상징이자 '세계적인 카바레'라는 명성은 변함이 없다. 물랑 루즈를 열광의 도가니로 채웠던 무용수나 서커스 단원들을 열심히 그려낸 화가, 툴르즈 로트렉Henri de Toulouse Lautrec(1864.11.24~1901.09.09)의 작품들은 오르세 미술관에 걸려 21세기를 살아가는 우리들에게 그 화려했던 시대의 이야기를 말 없이 전해준다.

Henri de Toulouse Lautrec

04 Métro de Paris

수많은 계단을 두 다리에 의존하여 오르내리기는 필수. 빛 한점 들어오지 않는 깊숙한 땅 속에 여름에는 에어컨 바람마저 아쉽다. 여기에 정체불명의 악취까지 풍기는 파리의 지하철이 세계에서 칭찬하는 대중 교통수단이라고?

에스컬레이터를 찾아 보기 힘든 파리의 지하철역. 하루에 수 차례는 거쳐가며 명소를 방문하는 관광객들을 약 올리기 위함이 아닌가 싶을 때도 있다. 지하 계단을 내려가는 순간, 인터넷은커녕 전화 연결조차 쉽지 않아 과거로 가는 타임캡슐에 강제 탑승한 것과 마찬가지. 다 헤진 헝겁 의자에 거리낌 없이 앉아 핸드폰 대신 지하철역 입구에서 무료로 획득한

05 Passage

진흙투성이에 돌이 들쑥날쑥 박힌 거리, 보행자 전용도로는 따로 없거니와 하수구도 존재하지 않아 물구덩이가 군데군데. 게다가 밤이 칠흑같이 어두웠던 18세기 말의 파리는 전형적인 중세 유럽의 모습 그대로였다. 프랑스혁명 후 망명 귀족들과 국가의 재산은 몰수되어 부동산 투기를 불러 일으켰고 그 결과 '새로운 부자'들이 등장하며 그들에게 소비의 쾌락을 안겨줄 쇼핑 거리, 파사쥬Passage가 탄생하게 된다.

1

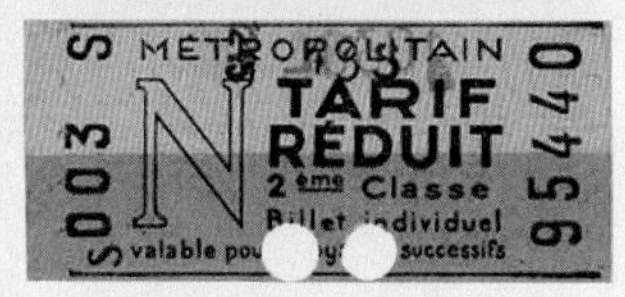

2

3

1. 1925년 1등석 지하철 티켓
2. 1948년 2등석 지하철 티켓
3. 현재 지하철 티켓

메트로뉴스 MetroNews 같은 종이 신문을 지그시 읽고 있는 파리지앵들이 21세기 성인군자처럼 보일지도 모른다.
파리는 지하철의 탄생 이야기 마저도 100년이 넘는 역사를 거슬러 올라가야 끄집어 낼 수 있다. 1863년 런던을 시작으로 이데네와 부다페스트 등 많은 유럽 국가에 지하철이 등장하기 시작했으니 파리가 지하철에서만큼은 선두주자는 아니었다. 런던의 지하철을 본받되 그 보다는 덜 깊은 곳에 철도를 설치했다는 점에 밑줄 쫙. 1900년 4월에 열릴 만국 박람회를 염두에 두고 공사에 들어갔지만 한 걸음 늦은 1900년 7월 19일, 파리의 첫 지하철이 드디어 개통! 시작은 단 한 개의 노선이었으나 그로부터 11년 후 무려 10개의 라인을 구축했고, 1998년에 완성된 14개의 노선이 현재까지의 성과다.
마차가 대중교통이었던 시절은 재빠르게 막을 내리고, 지난 한 세기에 걸쳐 수 백 개의 지하철역이 설립되고 사라지기를 반복한 결과, 현재 두 지하철역 사이의 평균 간격은 고작 550m. 덕분에 파리 대부분의 주거 지역은 역세권이 되었고 도심 안 어느 곳에 있건 지하철역 찾기가 파리 여행 중 가장 쉬운 일이 되었다.
한국에서는 이미 오래전 추억이 되어버린 종이 티켓을 아직도 사용 중이라는 점도 주목하자. 1900년 지하철이 처음 생긴 이래로 디자인은 조금씩 바뀌었지만 6x3cm 티켓 사이즈는 그대로 간직했다. 하지만 이 종이 티켓도 곧 사라질 예정이라고 하니 아날로그 수집가라면 반드시 파리에서 '겟' 해야 하는 아이템. 이쯤 되면 박수까지 치지는 않더라도 최소한 구식 지하철을 탓하는 볼멘소리는 참아주는 게 맞지 않을까.

'통로'라는 뜻의 파사쥬는 좁은 두 건물 사잇길을 천장으로 덮고 그 안은 상점으로 채우는 기발한 아이디어였다. 천장은 기존 건축의 주 소재였던 나무 대신 새롭게 등장한 쇠와 유리로 만듦으로써 건축의 혁명을 뽐내기도 했다. 유리 천장을 통해 낮에는 자연광의 특혜를 누릴 수 있었으며 밤에는 가스등을 밝혀 사람들을 불러 모았다. 마차를 타고 입구 바로 앞에 내려 쇼핑을 즐기러 오는 이들도 있었지만, 비를 피해, 혹은 사람들과 마차가 뒤엉킨 거리의 복잡함을 피해 목적 없이 무작정 걷기에도 제격이었다. 19세기 초부터 중반까지는 파사쥬가 마치 유행처럼 번져 파리에만 60여 개에 달했다고 한다. 그 안에는 고급스럽게 꾸며진 상점들이 유혹했고, 잠시 앉아 책을 읽기 좋은 찻집과 우아한 레스토랑들도 들어섰다. 심지어는 매춘과 도박을 하는 장소, 호텔까지 들어서며 '모든 것'을 할 수 있는 복합공간으로 급부상했다. 하지만 안타깝게도 파사쥬의 인기는 그리 오래가지 못했다. 1860년대 오스만의 도시 계획으로 기차역과 백화점이 등장하기 시작했고, 커다란 도로 양쪽으로는 보행자 전용도로가 생겨나며 파사쥬는 순식간에 쇠퇴기를 맞이한다.
어느새 애물단지로 전락한 파사쥬를 없애버리자는 이야기도 나왔지만, 20세기 중반 파리시가 그 역사적 가치를 인정하며 본격적인 생명 불어넣기 작업에 돌입했다. 그 중 20여 개의 파사쥬가 복원되어 현재까지도 그 문을 활짝 열고, 관광객뿐 아니라 파리지앵들의 호기심을 자극한다. 유리 천장 아래 다시 모인 예술가들, 가죽 공예 장인들, 수백 년 역사를 지닌 책방과 고풍스러운 찻집, 그들은 현재 어떤 모습으로 과거의 성공 신화를 이어가고 있을까. (p.108 '시크릿 파사쥬' 참조)

Paris & Parisians

3

파리와 파리지앵

PREVIEW

매일 파리를 살아가는 파리지앵에게 파리는 어떤 곳일까.
그들에게도 파리는 아름다운 도시일까. 그들이 즐겨가는 곳은 어디일까.
파리에 친구가 온다면, 그들은 어디를 함께 가 줄까.

여행 블로그나 책에서는 볼 수 없었던,
파리지앵이 직접 들려주는 사적인 파리 이야기.

Canal du Saint Martin 생 마르탱 운하

1. PARISIANS INTERVIEW

지방과 비교해서 파리의 삶은 어떤 점이 좋은가요?

파리에는 저처럼 프랑스의 지방 혹은 다른 나라에서 온 사람들이 많아요. 이렇게 모인 다양한 사람들은 새로운 친구를 사귀려는 욕구도 강해요. 반면에, 지방 사람들은 오랜 세월을 함께 해온 가족이나 동네 친구들과 더 끈끈한 편이죠. 게다가 그들은 보통 자신들의 집 뒷마당에서 그들만의 바비큐 파티를 즐기거나 술을 마시기 때문에 새롭게 사람을 사귀는 일은 쉽지 않아요. 파리는 반대에요. 좁은 아파트가 갑갑해 결국엔 밖으로 나와야 하죠. 그래서 파리의 거리는 늘 사람들로 넘쳐나요.

그래도 파리에 살면서 불편한 점이 있을 것 같아요.

글쎄요, 딱히 떠오르는 것은 없어요. 대부분의 사람들은 지하철에 불만이 많은데, 저는 차가 없지만 지하철 덕분에 짧은 시간에 파리 구석구석을 다닐 수 있어 오히려 좋은 것 같아요. 하루 혹은 한 달 지하철 정액권 가격이 파리만큼 제 값을 하는 도시도 없다고 생각해요. 지하철을 타고 이동하는 곳마다 새로운 모습의 도시를 만나게 되죠. 지금까지도 저에게 파리는 매일매일이 새로운 발견인걸요.

지금 살고 있는 파리 12구는 어떤 동네인가요?

파리의 심장과도 같은 생 제르망Saint-Germain-des-Prés에 살다가 10여 년 전 12구로 이사 왔을 때에는 마치 변두리 지역에 온 느낌이 들 정도로 황량했어요. 하지만 살다 보니 여기만큼 파리스러운 동네도 없는 것 같아요. 파리의 중심에 아주 가깝지만 거리에는 동네 사람들만 보이죠. 알리그흐 시장 (p.107)은 제가 제일 좋아하는 곳 중 하나에요. 자주 찾는 셰 꼬끼 Chez Coquille (7 Boulevard de Reuilly, 75012)는 아마 이 동네에서 제일 트렌디한 카페일거에요. 아침 점심 저녁, 아무 때나 가기에도 좋죠.

프랑스는 긴 휴가로 유명합니다. 휴가를 어떻게 사용하시나요?

파리의 법적 휴가는 1년에 최소 5주에요. 법이기 때문에 무조건 써야 하죠. 제가 일하는 보험회사나 은행의 경우는 최소 6주인데요. 법적 근로시간인 주 35시간 이상을 일할 경우, 일한 만큼 휴가가 늘어나기 때문에 직업의 특성상 초과 근무하는 날이 종종 있는 저는 1년에 총 8주의 휴가를 받아요. 크리스마스 때 무조건 휴가를 떠나고, 겨울 추위가 아직 끝나지 않은 2-3월에는 따뜻한 곳을 찾아 떠나는 걸 좋아해요.

프랑스에는 최소한 휴가가 적다고 불만인 사람은 없을 것 같아요.

저는 싱글인데다 8주나 되니 전혀 불만이 없지만, 휴가가 5주뿐인 부모들의 경우는 다르죠. 아이들이 워낙 방학이 많기 때문에, 부부가 돌아가면서 휴가를 내 아이들을 돌보기도 하는데, 부족할 수도 있어요.

일을 마치고 친구들과 자주 가는 곳은 어디인가요?

파리는 각자의 경제적 상황에 맞춰 갈 수 있는 곳들이 다양해요. 오페라부터 연극, 콘서트, 영화, 전시회까지, 프랑스의 다른 지역에서는 즐길 수 없는 파리에서만 가능한 특권이죠. 친구들과 술 한잔 하기 위해서는 에드가 끼네 광장 Place Edgar Quinet에 다양한 바들이 몰려 있어 좋아해요. 그곳의 아무 바나 가요. 호께뜨 거리 Rue de la Roquette도 먹을 곳과 마실 곳이 많죠. 조용히 즐기고 싶을 때에는 도핀 광장 Place Dauphine을 찾는 편이에요.

"프랑스 남서쪽의 '뽀Pau'라는 작지만 햇볕이 좋은 마을에서 태어났어요. 10대 때부터 늘 파리에 대한 갈망이 있었고, 20년 전 파리에 정착했죠. 그리고 파리에 사는 지금 너무 행복해요."

PROFILE

Pascale

Ⓝ 빠스깔 Ⓙ 보험회사 컨설턴트

“주머니가 가벼운 학생들에게 파리는 비싼 도시임을 부정할 수는 없어요. 하지만 잘 찾아보면 저렴하게 즐길 수 있는 것들이 수만 가지나 된답니다.”

PROFILE

Adèle Legros

Ⓝ 아델 르그호 Ⓙ 대학원생

어떤 공부를 하고 있나요?

파리 8대학에서 3년 동안 정치와 역사학을 공부하고, 2년간의 정치학 석사 과정을 거쳐 현재는 프랑스 사회과학고등연구원(EHESS)에서 차별과 다양성, 표현을 전문적으로 연구하는 정치학 박사 과정을 밟고 있습니다.

프랑스는 입학보다 졸업이 힘들다고 들었는데, 어렵지 않았어요?

파리는 학생 수에 반해 대학교의 수도 많고 각 학교의 규모도 큰 편입니다. 물론 각 학교별로 특성화된 전공은 인기가 있을 수 있지만 치열한 경쟁이 있는 경우는 드물어요. 법학과나 스포츠 관련학과의 경우는 자리가 넘쳐나죠. 그러나 고등학교 때의 수업 방식과는 확연히 다른 대학 수업에 적응하지 못해 1학년 때 학업을 포기하는 경우가 많이 발생합니다. 그 시기만 잘 견디고 넘어가면 2학년부터는 졸업까지 비교적 수월하게 이뤄지는 편이에요.

프랑스는 학비가 저렴한 반면, 물가가 비쌉니다. 아르바이트를 하는 학생들이 많을 것 같아요.

파리의 학생들 중 60% 정도는 아르바이트를 합니다. 파리는 지방이나 외국에서 오는 학생들이 많기 때문에 아르바이트는 학업을 이어가는데 불가피해요. 일주일에 15시간 이상 일을 할 경우 발급받을 수 있는 학생 근로자증을 교수님께 제시하면 시험 횟수를 특별히 줄여주기도 합니다.

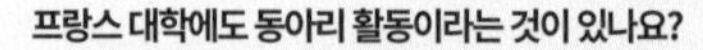

프랑스 대학에도 동아리 활동이라는 것이 있나요?

설명해주신 한국의 동아리와는 조금 다르지만 각 대학의 학생 사무소(Bureau des Étudiants)가 그 역할을 한다고 볼 수 있을 것 같아요. 여행이나 스키, 저녁 파티 같은 다양한 이벤트를 주최하는데, 그 학교 학생이라면 누구나 신청할 수 있어요. 스포츠 사무소(Bureau des Sports)라는 것도 있는데, 1년에 약 20유로 정도 회비를 내면 교내에 다양한 운동시설을 마음껏 사용할 수 있죠. 일부 정책이나 정권에 동의하거나 반대하는 학생 연합회 같은 것들도 존재합니다.

학생들처럼 저렴하게 술을 마실 수 있는 장소가 있으면 알려주세요.

여름이면 공원이나 센느강이 제격이겠지만, 겨울은 어쩔 수 없이 바를 찾아요. 무프타르 거리Rue Mouffetard의 술집들은 요일과 시간에 따라 술값이 다른데 특히 목요일엔 저렴한 술값을 찾기 쉬워요. 지하철 스트라스부르-생드니Strasbourg-Saint Denis 역 근처도 많이 가요. 그 동네에 라띠라이L'attirail라는 바를 모르는 사람은 없을 걸요. 요즘 '미스터 굿 비어Mister good beer'라는 어플이 유행인데 파리 각 지역의 시간대 별로 각 바들의 맥주 한 잔 가격을 한 눈에 볼 수 있어 좋아요.

학생들은 주로 어디에서 쇼핑을 하나요?

비싼 샹젤리제 거리나 ZARA, H&M 같은 외국 대형 브랜드들이 몰려 있는 리볼리 거리Rue de Rivoli는 잘 가지 않아요. 베이직한 옷을 살 땐, 파리 구석 구석 있는 중고 옷 가게를 찾죠. 쁘랭땅 백화점 뒤에 있는 시따디움Citadium 쇼핑몰은 힙스터들이 즐겨 찾고, 빈티지 숍(p.112)들을 잘 뒤지면 명품 옷을 저렴하게 득템 할 수 있는데, 물건이 그날 그날 바뀌어서 허탕치는 날도 있어요.

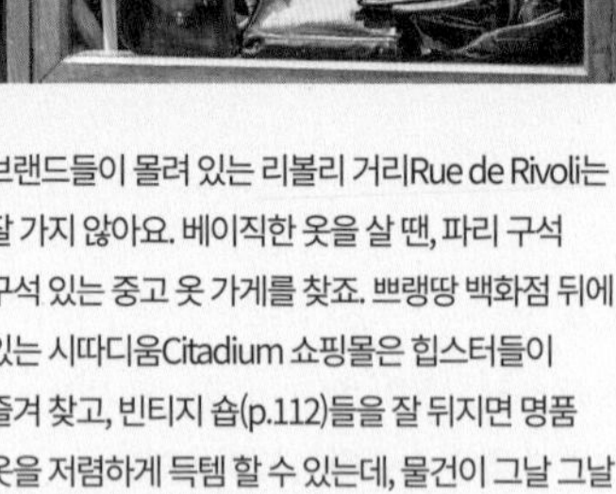

파리에 사는 학생으로서 좋은 점은 뭐가 있을까요?

파리에는 학생들에게 무료이거나 할인 가격을 제시하는 전시회, 박물관, 이벤트들이 정말 많아요. 돈이 많지 않아도 이렇게 문화적 풍요를 누리며 살수 있는 도시는 드물 거에요. 저는 여행을 좋아하시는 부모님 덕분에 여러 나라를 가보았지만, 파리처럼 살고 싶은 곳은 아직 못 찾았어요. 하지만 파리의 삶이 지금보다 더 비싸지지는 않을까 늘 걱정입니다.

'벤시몽'이라는 브랜드가 탄생하게 된 배경이 궁금합니다.

벤시몽은 저희 가족과 역사를 함께해 온 브랜드입니다. 제2차 세계대전 직후 헌 옷 장수였던 할아버지에 이어 아버지는 군복의 재고를 전문적으로 들여오기 시작했어요. 재활용한 옷과 신발로 빈티지한 스타일의 패션을 창조했던 이 두 남자를 존경했고, 그 영향을 받아 동생 이브와 함께 벤시몽이라는 브랜드를 창립했습니다. 우리 두 형제는 여행을 통해 새로운 것들을 끊임없이 접하며, 세상의 어느 것과도 닮지 않은 라이프 스타일을 담은 벤시몽만의 정체성을 더 견고히 다져가고 있습니다.

파리지앵 라이프 스타일을 이끌어가는 브랜드이기도 합니다. 파리지앵 라이프 스타일이란 무엇인가요?

자유로움이라고 하고 싶습니다. 유행을 따르지 않고, 자신의 즐거움과 취향을 존중하는 거죠. 벤시몽의 컬렉션과 공간 안에서 바로 이런 자유로움이 느껴진다고 생각합니다.

벤시몽의 40년 역사 동안 파리에는 어떤 라이프 스타일의 변화가 있었나요?

1979년 브랜드 창립 초기에는 재고품을 재탄생시켰던 아버지처럼 하얀색 헝겁 스니커즈에 다채로운 색상을 입힌 신발들에 주력했습니다. 하지만 미국 여행을 통해 패션과 더 가까워지며 기존의 재고품 외에 프랑스산 식기, 각 나라에서 영감을 받은 의류와 담요, 심지어 가구들까지, 세계 각지 고유의 향이 고스란히 담긴 컬렉션들로 1989년 마레 지구에 첫 라이프 스타일 매장을 오픈했습니다.
벤시몽을 찾는 손님들에게 이 모든 것들이 어우러진 매장을 찾아 마음에 드는 물건을 골라 구입하는 순간 자체가 하나의 즐거운 '경험'이었죠. 그런데 프랑스뿐 아니라 전 세계적으로 온라인 쇼핑이라는 것이 등장합니다. 벤시몽의 제품을 온라인에서 구입하는 고객들에게 오프라인에서와 같은 경험을 선사한다는 것은 엄청난 작업임이 틀림 없습니다. 하지만 이런 변화를 받아 들여야 해요. 현재 저희 팀은 바로 이 작업을 실현하는데 주력하고 있습니다.

벤시몽이 프랑스뿐 아니라 유럽인들에게 꾸준히 사랑 받는 이유는 무엇일까요?

브랜드의 상징적인 아이템인 스니커즈가 큰 몫을 했다고 봅니다. 초창기 아이템인 스니커즈는 장 폴 고띠에Jean-Paul Gaultier, 아녜스 베Agnès b와 같은 크리에이터들과 콜라보를 하며 많은 변화를 시도했지만, 가격은 변하지 않았어요(20유로 대). 또 우리가 추구하는 라이프 스타일에 생기를 불어넣기 위해 콘셉트 스토어를 오픈하고 2009년에는 마레 지구에 S.Bensimon이라는 갤러리를 열어 젊은 크리에이터들을 위한 공간을 마련했습니다. 꾸준히 성장을 해오는 동안 감각적이면서도 유행을 타지 않는 브랜드 고유의 정체성을 잃지 않은 것도 이유가 아닐까 합니다.

2018년 12월 서울에 벤시몽 플래그십 스토어를 오픈했습니다. 벤시몽 씨에게 한국은 어떤 곳인가요?

30년 전에 한국을 처음 가보고, 얼마 전 다시 찾았을 때 저는 무한한 영감을 얻었습니다. 짧은 세월 동안 한 나라가 이뤄낸 발전은 믿을 수 없을 정도였죠. 건축물에서 보이는 모던함의 절정과 오늘을 살아가는 한국인들의 라이프 스타일은 저에게 새로운 나라, 새로운 도시의 발견 그 자체였습니다.
서울의 거리 곳곳에서 벤시몽 스니커즈를 신은 사람들을 쉽게 볼 수 있었는데, 정말 놀라우면서도 저희에게 큰 보람을 안겨줬습니다. 심플하면서도 다채로운 색감이 담긴 우리의 신발을 신은 한국인들의 스타일에 푹 빠졌습니다. 아시아, 특히 한국은 우리 브랜드가 미래로 나아가는데 아주 중요한 길목입니다.

외국인 친구가 파리를 방문하면 함께 가는 특별한 장소가 있나요?

자그마한 동네들, 돌이 박힌 좁은 거리, 때로는 큰 대로, 공원, 박물관 등 파리는 매력이 넘치는 도시죠.
외국인 친구와 함께 지나가는 관광객들에게 말을 걸어 친구가 되기도 합니다. 생뚜앙 벼룩시장(p.104)에 가서 앤티크 쇼핑을 하거나 르 데히에흐Le Derrière(69 Rue des Grvillers,75003), 셰 오마흐Chez Omar (47 Rue de Bretagne,75003) 같은 괜찮은 식당에 가서 식사를 하는 것도 좋아합니다.
이게 바로 파리의 삶이에요. 무작정 걷고, 카페 테라스에 앉아 지나가는 사람들을 바라보는 거죠.

PROFILE

Serge Bensimon

Ⓝ 세흐쥬 벤시몽 Ⓙ 프랑스 패션 & 라이프 스타일 브랜드 벤시몽Bensimon 공동 창업자 및 크리에이터

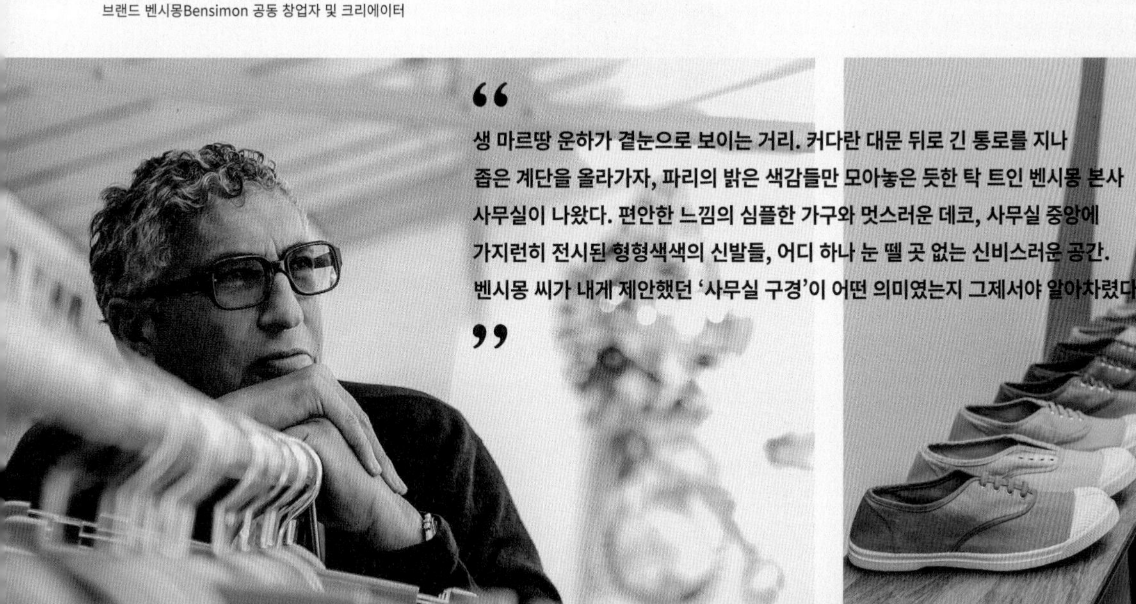

"생 마르땅 운하가 곁눈으로 보이는 거리. 커다란 대문 뒤로 긴 통로를 지나 좁은 계단을 올라가자, 파리의 밝은 색감들만 모아놓은 듯한 탁 트인 벤시몽 본사 사무실이 나왔다. 편안한 느낌의 심플한 가구와 멋스러운 데코, 사무실 중앙에 가지런히 전시된 형형색색의 신발들, 어디 하나 눈 뗄 곳 없는 신비스러운 공간. 벤시몽 씨가 내게 제안했던 '사무실 구경'이 어떤 의미였는지 그제서야 알아차렸다."

"가벼운 마음으로 산책할 수 있고, 햇볕 좋은 날
누울만한 푹신푹신한 잔디밭, 망설임 없이 들어갈 수 있는
편안한 카페, 아무것도 하지 않고 바라만 봐도 마음이 평온해지는
그런 곳. 파리지앵이 파리지앵을 만나는 그들만의 명소가 있다."

생 마르땅 운하 가는 방법 레퓌블리끄République 역에서 내려 도보 5분 거리의 발미가Quai de Valmy를 따라 북쪽으로 걷는 것을 추천한다. 운하의 총 길이는 4.6km.
생 마르땅 운하에 가기 가장 좋은 날 화창한 주말, 혹은 평일 오후부터가 이 곳 특유의 분위기를 만끽하기 가장 좋다. 단, 비가 오는 날은 전반적인 분위기가 살짝 다운된다.

2. PARISIANS PICK

: 파리지앵이 추천하는 이색명소 I

파리의 명소들은 몇 번을 다시 봐도 질리지 않는 묘한 매력이 있다.
그러나 여유를 만끽하고 싶은 날, 관광객들로 붐비는 곳은 피하고 싶은 것이 현지인들의 심정.

Canal du Saint Martin 생 마르땅 운하

관광지를 제외하고 주말이면 자물쇠로 굳게 잠긴 상점들이 대부분인 파리의 다른 지역과 달리, 생 마르땅 운하는 주말에 가장 활기를 띤다. 잔잔한 운하를 중심으로 양쪽에 있는 카페들은 앞다퉈 브런치를 서빙하고, 새로 생긴 트렌디한 카페 앞에 줄 서 있는 젊은이들은 잔뜩 들떠 있는 표정으로 재잘재잘.
생 마르땅 운하는 파리 중앙을 가로지르는 센느강에서 파리의 북동쪽으로 이어지는 물줄기다. 센느강과 생김새는 크게 달라 보이지 않지만, 그 주변은 관광객들이 찾는 명소가 아닌 주거 지역으로 이뤄져 있어 서민적인 분위기가 매력이다. 운하를 따라 걸으면 하나같이 센스가 돋보이는 상점들, 생동감 넘치는 노천 카페가, 바로 옆 공원에 세상 편하게 누워있는 현지인들에게서는 여유가 넘쳐나고, 운하에 걸터앉은 사람들은 무슨 이야기를 그렇게 쉴 새 없이 하는지. 평온하면서 다이내믹하다는 표현이 딱 맞는 것 같다.

Ⓐ 75 Quai de Valmy, 75010 Ⓜ Map → 3-C-2

INTERVIEW

PROFILE

Yue Petit

Ⓝ 유 쁘띠 Ⓙ 대학원생 / 주부

생 마르땅 운하를 자주 찾는지?
운 좋게도 이 근처에 살아 자주 온다. 일요일에는 (차도가 보행자 전용으로 바뀌어서) 딸이랑 자전거를 타러 오기도 하고 가족끼리 공원에 피크닉을 올 때도 있다.

생 마르땅 운하의 매력은 무엇인가?
나무들이 많고, 물도 있고 언제와도 평화롭다. 도시에 살면서 조금이나마 자연을 느낄 수 있는 곳이다. 운하 주변 골목에는 예쁜 숍들이 많아서 구경하는 것도 재미있다. 그리고 여기에 있는 카페나 바는 어디에 들어가든 맛이나 가격적인 면에서 절대 실망하는 일이 없다. 조금 비싼 음식들은 반드시 제값을 한다.

추천해 줄만한 숍이나 레스토랑은?
'앙뚜안 에 릴리' 숍을 좋아한다. 옷과 장식품 모두 색깔이 밝고 예뻐서 보는 것만으로도 즐겁다. '셰 프륀'은 뭘 시키든 다 맛있고, 비교적 저렴해서 가장 자주 간다. 얼마 전에 우연히 발견한 '르 꽁뚜아 제네할'의 독특한 분위기도 마음에 든다.

Bassin de la Villette 바쌍 들 라 빌레뜨

생 마르땅 운하의 북쪽에 위치한 바쌍 들 라 빌레뜨는 파리에서 가장 큰 저수지로, 최근 몇 년 전부터 떠오르고 있는 파리지앵들의 새로운 쉼터. 저수지 초입부에 영화관과 레스토랑을 갖춘 복합문화공간은 특히 젊은이들에게 큰 인기를 끌고 있고, 남쪽의 생마르땡 운하에는 없는 빈티지한 선박 카페들이 꽤 운치있다.

Ⓐ 45 Quai de Seine, 75019 Ⓜ Map → 3-A-2

a. 선박 카페

낡고 소박한 선박 위에 옹기종기 앉아 아페로를 즐기기 좋다. 배의 규모만 보면 믿기지 않지만, 외관 선체에 사진 전시회가, 작은 내부에서는 종종 콘서트도 열린다. 이색적이지만 아늑한 분위기, 저렴한 식사와 음료는 맛까지 훌륭하니 현지인들이 좋아할 수 밖에.

b. 프라이빗 보트 렌탈

연인끼리 혹은 가족끼리 개인 보트를 렌탈해서 현지인들처럼 여유를 부려보자. 보트 조정법이 간단해서 면허증은 따로 필요없다. 10유로를 추가하면 테이블이 딸린 보트를 렌트할 수 있고, 여기에 인당 7유로를 추가하면 보트 위에서 아페로를 즐길 수 있도록 와인과 스낵이 담긴 바구니를 제공해준다.

c. 생 마르땅 운하 유람선

센느강에 파리의 명소들을 둘러 볼 수 있는 유람선이 있다면, 생 마르땅 운하에는 파리지앵들의 한가로운 일상을 엿볼 수 있는 까노라마가 있다. 운하 남쪽의 아르스날 항에서 출발해 바쌍 들라 빌레뜨를 지나 북쪽 끝 빌레뜨 공원까지 가거나 혹은 반대 방향으로 탑승 가능. 수위 차가 25m나 되는 생 마르땅 운하에는 수위를 조절하는 9개의 수문이 설치되어 있는데, 유람선이 지나갈 때 수문이 열리는 모습은 재미난 구경거리다.

a. 선박 카페 : Péniche Antipode 뻬니슈 앙띠뽀드

Ⓐ 55 Quai de la Seine, 75019 / Crimée 역에서 도보 5분
Ⓗ 매일 12:00~02:00 Ⓟ 간단한 식사 €7~13, 아페로 €6~11 Ⓜ Map → 3-A-2

b. 프라이빗 보트 렌탈 : Marine d'Eau Douce 마린 도 두스

Ⓐ 37 Quai de la Seine, 75019 / Riquet 역에서 도보 4분 Ⓗ 매일 09:30~22:00
Ⓟ 5인승/7인승/11인승 : 1시간 €40/€50/€70, 2시간 €70/€90/€130, 3시간 €90/€120/€180
Ⓤ www.boating-paris-marindeaudouce.com (홈페이지 예약 가능) Ⓜ Map → 3-A-2

c. 생 마르땅 운하 유람선 : Canauxrama 까노라마

Ⓐ (빌레뜨) 13 Quai de la Loire, 75019 / Jaurès 역에서 도보 5분
(아르스날) n°50 bd de la bastille 75012 / Bastille 역에서 도보 2분
Ⓗ 매일 09:15~18:00 Ⓟ 탑승료 €18~ , 만 4세 이하 무료
Ⓤ www.canauxrama.com/en/ (홈페이지 예약 권장) Ⓜ Map → 3-A-2

Antoine et Lili 앙뚜안 에 릴리

아이부터 할머니까지 모든 연령대의 여성들을 위한 패션 전문점. 핑크, 노랑, 연두 색상의 세 매장이 나란히 붙어 있다. 각각의 매장은 홈 데코, 여성 의류, 어린 여자아이를 위한 옷과 장난감으로 분류되어 있다. 의류는 독특한 원단과 패턴을 사용하고, 신발과 액세서리는 레트로 스타일. 옷 가격은 보통 €100~200.

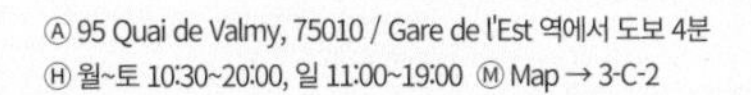

Ⓐ 95 Quai de Valmy, 75010 / Gare de l'Est 역에서 도보 4분
Ⓗ 월~토 10:30~20:00, 일 11:00~19:00 Ⓜ Map → 3-C-2

Chez Prune 셰 프륀

아침, 점심, 혹은 주말 브런치를 즐기기에 좋다. 매 끼니 때 마다 붐비는 곳이라 늦게 가면 간혹 재료가 떨어지는 경우도 있다. 별로 신경 쓰지 않은 듯한 인테리어가 오히려 집처럼 편하게 느껴지고, 투박해 보이는 음식들은 보기와 다르게 모두 맛깔스러운 게 참 신기하다.

Ⓐ 36 Rue Beaurepaire, 75010 / Jacques Bonsergent 역에서 도보 4분 Ⓗ 월~토 08:00~02:00, 일 10:00~02:00 (예약 불가)
Ⓟ 브런치 €21 Ⓜ Map → 3-C-2

Le Comptoir Général 르 꽁뚜아 제네랄

언뜻 보면 아프리카 분위기지만 자세히 보면 카리브해 느낌이 강렬한 캐주얼 바. 간판도 없는 녹색 대문으로 들어가 긴 통로를 지나야 나오는 바는 정글에 온듯한 착각이 든다. 테이블과 의자, 장식용 가구는 쌩뚱 맞게 앤티크 혹은 레트로 스타일. 밤이 되면 음악 소리는 더 높아지고 카리브섬에서 축제를 즐기는 기분이다.

Ⓐ 80 Quai de Jemmapes, 75010 / Jacques Bonsergent 역에서 도보 6분 Ⓗ 월~목 18:00~02:00, 금 16:00~02:00, 토/일 14:00~02:00 Ⓟ 칵테일 €8~14, 맥주 €6~8 Ⓜ Map → 3-C-2

역사와 예술이 숨쉬는 무덤

즐거운 마음으로 떠난 여행지에서 무덤 방문이라니.
도무지 이해가 가지 않겠지만, 파리의 묘지는 귀한 시간을 쪼개서라도 가볼 만한 가치가 있다.
묘지에 감도는 온화한 기운이 불러일으키는 묘한 감정을 어떻게 설명해야 할지,
일단 가보라는 말 밖엔.

INTERVIEW

PROFILE

Vincent

Ⓝ 방썽 Ⓙ 회사원

오늘 묘지를 찾은 이유는?
가족의 묘를 방문하러 왔다. 이 동네에 사는 딸을 보러 왔다가 겸사겸사 들렀다.

관광객들이 파리에서 묘지를 찾는 이유는 무엇이라고 생각하는지?
파리의 묘지는 특별하다. 시신을 단순히 땅에 묻는 다른 나라와 달리 우리는 그 위에 작은 건축물을 짓거나 조각을 세운다. 이는 곧 각 시대적 건축 양식과 예술을 상징하기도 한다. 그리고 그 위에 죽은 이가 평소 좋아했던 물건들을 놓아두거나 꽃 장식 등을 볼 수가 있는데, 누군지는 모르지만 죽은 사람에 대한 살아있는 사람의 애정이 느껴져 묘지를 걷다 보면 기분이 좋아진다.

Cimetière du Père-Lachaise
페르 라쉐즈 묘지

'빠담빠담~' 노래로 우리에게 잘 알려진 프랑스 최고의 여가수 에디뜨 피아프Edith Piaf, 60년대 록 음악의 황제 짐 모리슨, 아일랜드 작가 오스카 와일드, 폴란드 작곡가이자 피아니스트 쇼팽, 그 밖에도 발자크, 몰리에르, 피사로 가 한 자리에. 전 세계 유명인들은 모두 파리에 묻혀 있다는 말이 괜한 소리가 아니다.
시내에 묘지가 군데군데 넘쳐나자 1804년 나폴레옹에 의해 파리 외곽에 조성된 첫 번째 묘지 공원. 파리의 규모가 점차적으로 커지면서 현재는 파리 20구에 속해 있으며, 연간 350만 명이 방문하는 세계에서 가장 사랑 받는 묘지 공원이기도 하다.

PROFILE

Slandechelle

Ⓝ 슬랑드셸르 Ⓙ 까따꽁브 안내원

까따꽁브 지하 묘지를 방문해야 하는 이유가 무엇인지?
박물관에는 과거의 사람들이 작업한 그림이나 조각들이 있지만 까따꽁브에는 과거를 살았던 사람들의 실제유골이 있다. 그렇다고 단순하게 유골을 보러 오는 것이 아니다. 45분에서 1시간 동안 어두컴컴하고 차가운 통로를 따라 걷다 보면 죽음이 강렬하게 와 닿고, 자연스럽게 자신의 삶에 관해 돌아보게 된다. 인생에 한 번쯤은 꼭 방문해봐야 하는 곳이라고 생각한다.

묘지 방문 시 특별히 준비해야 할 사항은?
바닥이 고르지 않고 축축한 부분도 있으니 최대한 편한 신발을 신는 것이 좋다. 여름에도 지하 온도는 15도로 낮은 편이니 긴 옷을 권장한다.

Cimetière du Père-Lachaise
페르 라쉐즈 묘지

Ⓐ 16 Rue du Repos, 75020 / Père-Lachaise 역에서 도보 1분
Ⓗ 월~금 08:00~18:00, 토 08:30~18:00, 일 09:00~18:00
Ⓟ 무료 입장 Ⓜ Map → 4-B-3

Catacombes de Paris
까따꽁브

Ⓐ 1 Avenue du Colonel Henri Rol-Tanguy, 75014 / Denfert-Rochereau 역에서 도보 1분 Ⓗ 화~일 09:45~20:30, 월 휴무
Ⓟ 입장료 €15, 18세 미만 무료 Ⓜ Map → 9-F-2

Panthéon
팡테옹

Ⓐ Place du Panthéon, 75005 / Cardinal Lemoine 역에서 도보 5분
Ⓗ 10:00~18:30 Ⓟ 입장료 일반 €11.5, 18세 미만 무료, 한국어 오디오 가이드 €3 (뮤지엄패스 가능), 파노라마 전망대 €3.5
Ⓜ Map → 5-F-2

Catacombes de Paris 까따꽁브

로맨틱한 파리의 이면에, 파리에서 가장 섬뜩한 명소이자 세계 공포 여행지 중 하나로 꼽히는 까따꽁브 지하 납골당이 있다. 지하 20m 아래에 600만 개의 유골이 차곡차곡, 최대한 정갈하게 쌓으려고 노력한 모습이 역력하다. 18세기 무렵, 무덤이 포화 상태가 되자 시신을 지하 세계로 옮겼고 300km에 달하는 통로 중 1.7km가 대중들에게 공개되었다. 한국인들에게는 잘 알려져 있지 않지만, 유럽인과 미국인 관광객들에게는 놀라울 정도로 인기 명소. 길게는 3시간 줄을 서야 할 때도 있으니 오픈 시간 30분 전에 가거나 홈페이지에서 바로 입장 티켓을 구입하는 것을 추천한다.

PROFILE

Renaud

Ⓝ 르노 Ⓙ 회사원

파리지앵들에게 팡테옹은 어떤 곳인지?
파리에서는 학교에서 일일 견학으로 반드시 가는 곳 중 한 곳이 팡테옹이다. 나 역시도 그렇게 갔었고, 내 딸도 얼마 전에 다녀왔다. 이 곳에 묻힌 사람들은 프랑스의 위인들 중에서도 특히 대단한 업적을 남긴 사람들이라 존경심은 물론이고 프랑스에 대한 자부심도 함께 든다. 세계적으로 유명한 프랑스 위인들도 많아 가끔 다른 나라 학생들의 견학 현장도 본다.

요즘에도 팡테옹에 위인들이 안장되는가?
지난 2015년, 제2차 세계대전 당시 나치 독일에 맞서 싸운 프랑스 레지스탕스(전사) 4명의 관을 팡테옹으로 이장했다.
그리고 2018년에는 유럽 화해와 여성 인권에 힘쓴 여성 정치가 시몬 베이유Simone Veil와 그의 남편이 안장되었다.

Panthéon 팡테옹

그리스 신전을 닮은 건축물에는 '조국이 위대한 사람들에게 사의를 표하다AUX GRANDS HOMMES LA PATRIE RECONNASSANTE'라고 적혀있다. 팡테옹은 중병에 걸렸던 루이 15세가 자신의 병이 나은 것을 기념해 1789년 수도원 성당을 개축해 만든 것. 현재는 프랑스 위인들의 묘가 안장되어 있다.
우리에겐 센느강의 다리 이름으로 유명한 미라보Mirabeau는 프랑스의 정치가이자 문필가로 1791년 팡테옹에 안장된 첫 위인. 생전에 노벨상을 두 번이나 받은 퀴리 부인은 첫 여성 위인으로 그녀의 남편과 한 방에 안장되어 있다. 그 밖에 에밀 졸라와 빅토르 위고의 관이 함께 있는 점도 인상적. 비행 사고로 시신을 찾지 못한 <어린왕자>의 작가 생 텍쥐 베리는 기념비만이 존재한다.

SPOTS TO GO : AREA

파리는 유럽에서 가장 볼거리가 많은 도시로 손꼽힌다.
생각 없이 터벅터벅 걷기만 해도 눈에 스치는 모든 것들 어느 하나 놓칠까 아까운 풍경들. 취향에 딱 들어맞는 지역을 정해 걸으면 길 잃을 염려도 없고, 낯선 곳에서 느낄법한 두려움까지 어느새 사르르 녹아버린다.

Musée du Louvre 루브르 박물관

CHAMPS ELYSEES : The Majesty of Paris

개선문 & 샹젤리제 : 파리의 위엄

파리의 아기자기함은 쏙 빠지고 웅장함과 근엄함만이 펼쳐지는 이 곳. 새해 첫 날을 여는 퍼레이드부터 연말 불꽃 축제까지 프랑스의 굵직한 연례행사는 모두 여기서!
개선문이 떡 하니 지키고 서있는 샹젤리제를 찾는 방문객의 수가 하루 평균 약 30만 명이나 되는 데에는 분명 그럴만한 이유가 있다.

1 *Champs Élysées*

ARC DE TRIOMPHE DE L'ÉTOILE
개선문

파리의 여성미를 한껏 뽐내는 것이 에펠탑이라면 개선문만큼 남성적인 건축물은 없다. 에펠탑과 적당한 거리를 유지하며 그 아름다움을 돋보이게 하는 젠틀함. 거대한 열두 개 도로가 교차하는 중심에서도 전혀 기죽지 않는 대담함. 그 꼭대기 전망대에 올라가야 비로소 보이는 에펠탑. 그리고 그 밑으로 넌지시 바라다 보이는, 마치 경의를 표하듯 개선문을 향해 서 있는 웅장한 건물들의 모습이라니. 분명 이 남자의 매력은 끝도 없다.

Ⓐ Place Charles de Gaulle, 75008 / Charles de Gaulle Etoile 역에서 도보 1분
Ⓗ 4~9월 10:00~23:00, 10~3월 10:00~22:30
Ⓟ 전망대 입장료: 일반 €13, 18세 이하 무료, 뮤지엄패스 가능
Ⓜ Map → 8-A-2

01
파리의 개선문은 세계에서 두 번째로 크다

45m 너비에 51m 높이. 세계에 가장 큰 개선문이었다. 1982년 북한에 평양 개선문이 지어지기 전까지는. 평양 개선문은 50m 너비에 60m 높이. 김일성의 독립운동 업적을 찬양하기 위해 그의 70번째 생일에 맞춰 지어졌다.

02
나폴레옹은 개선문의 완성을 보지 못했다

개선문은 아우스터리츠Austerlitz 전투에서 승리한 기념으로 나폴레옹의 명령 하에 지어져 1836년 완공되었다. 하지만 나폴레옹은 그 이전에 유배 중이었던 영국령 세인트헬레나Saint Helena섬에서 사망. 1840년 12월 15일 그의 유해가 담긴 관은 개선문의 중앙을 통과해, 현재 앵발리드 군사 박물관에 안장되어 있다.

03
365일 꺼지지 않는 불꽃

개선문 아래로는 제1차 세계대전 중 사망한 신원 미확인 병사들의 묘가 있다. 그리고 그 위로는 그 병사들과 주검조차 발견되지 않은 병사들을 추모하기 위해 1923년 11월 11일 점화된 불꽃이 지금까지 꺼지지 않고 타오르고 있다.

Plus Info.

Hôtel des Invalides 앵발리드 군사 박물관
1670년 루이 14세가 퇴역 군인들을 위한 요양소로 지었다. 박물관으로 사용되고 있는 현재에는 중세시대부터 제1,2차 세계대전까지 사용된 갑옷, 무기, 대포 등이 전시되어 있지만, 이보다는 화려한 금색 돔 아래 안장된 나폴레옹 1세의 관을 두 눈으로 직접 확인하기 위해 찾아오는 이들이 더 많다. 앵발리드 앞으로 펼쳐진 넓은 잔디에는 날씨가 좋으면 피크닉을 즐기거나 축구를 하는 현지인들을 볼 수 있다.

Ⓐ Place des Invalides, 75007 / Invalides 역에서 도보 5분
Ⓗ 4~9월 10:00~18:00, 11~3월 10:00~17:00
Ⓟ 일반 €14, 18세 미만 무료, 뮤지엄패스 가능
Ⓜ Map → 8-C-1

ARC DE TRIOMPHE DE L'ÉTOILE 개선문

2 *Champs Élysées*

CHAMPS ELYSEES
샹젤리제 거리

거의 2km에 달하는 샹젤리제 거리. 파리 어디에서나 볼 수 있는 프랜차이즈 음식점과 상점들로 채워져 있어 파리지앵들은 가지 않는다는. 하지만 같은 이름이라고 다 같은 상점이 아니라는 것. 같은 간판 다른 분위기, 샹젤리제점에는 특별한 것이 있다. 파리지앵도 모르는 '꼭 샹젤리제여야 하는 이유'.

Ⓐ Av. des Champs-Élysées, 75008 / Charles de Gaulle Etoile, George V, Franklin D. Roosevelt 역에서 바로
Ⓜ Map → 8-B-2

a. Ladurée 라뒤레

프랑스 마카롱의 원조이자 파티스리 겸 찻 집. 마들렌 광장 근처에 있는 1호점보다 인기 많은 2호점. 실내에만 테이블이 있는 1호점과 달리 샹젤리제 거리 쪽으로 테라스가 있다. 화려하고 넓은 내부, 창가에 앉아 샹젤리제 거리를 지나가는 사람들 구경하는 것도 재미있다. 그러나 늘상 줄이 길다는 것. 오전 7시 30분에 문을 여니 차라리 아침 일찍 와서 아침식사(€19.5) 하는 것을 추천한다. 한결 여유롭고 한산한 샹젤리제 거리에서 맞이하는 파리의 아침. 이 얼마나 아름다운 추억인가.

Ⓐ 75 Av. des Champs-Élysées, 75008 / Franklin D. Roosevelt 역에서 도보 5분
Ⓗ 월~금 07:30~23:00, 토 07:30~24:00, 일 07:30~22:00
Ⓟ 마카롱 €2.6/개 Ⓜ Map → 8-B-2

b. Gallery Lafayette Champs-Élysées 갤러리 라파예트 샹젤리제 점

갤러리 라파예트 본점과는 달리 '트렌디함'을 강조하며 2019년에 등장했다. 향수부터 의류까지 고전적인 명품뿐 아니라 젊은 디자이너들의 상품들이 테마별로 진열되어 있어 마치 대형 컨셉스토어를 보는듯한 느낌. 젊은 프렌치 패션 디자이너 자크뮈스 Jacquemus가 디자인한 산뜻한 분위기의 까페 시트롱 Citron (1층), 지하 1층 푸드코트에는 엄선된 퀄리티의 식료품점과 레스토랑이. '샹젤리제는 관광객들의 거리'라는 이미지를 깨고 파리지앵들의 호기심을 자극하고 있다.

Ⓐ 60 Av. des Champs-Élysées, 75008 / Franklin D. Roosevelt 역에서 도보 3분
Ⓗ 일~수 10:00~21:00, 목~토 10:00~22:00 Ⓜ Map → 8-B-1

c. L'Atelier Renault Café 르노 아뜰리에 카페

겉보기엔 그냥 르노 자동차 대리점. 하지만 단순한 자동차 전시장이 아니다. 포뮬러1에 시승해 사진 찍을 수 있는 포토존이 있고 오래된 르노 모형 자동차도 구입할 수 있어 아이들도 즐거운 곳. 위층은 샹젤리제 물가치고 저렴한 점식식사를 할 수 있는 모던한 카페가 있다. 가격 대비 음식도 꽤 호응이 좋은 편. 한쪽에는 르노 자동차 전시장이, 또 다른 쪽에는 샹젤리제 거리가 내려다 보이는 뷰까지. 샹젤리제 중심에 위치해 있으니 차 한잔 혹은 칵테일 한잔으로 한 숨 돌리고 가는 것도 괜찮다.

Ⓐ 53 Av. des Champs-Élysées, 75008 / Franklin D. Roosevelt 역에서 도보 3분
Ⓗ 일~목 12:00~22:00, 금/토 12:00~23:00
Ⓟ 점심 2코스/3코스 €29/€39, 칵테일 €8~12 Ⓜ Map → 8-B-1

Plus Info.

100여년의 역사의 웅장한 건축물에 둥지를 튼 플래그쉽 스토어들이 주목할 만하다. 디즈니 스토어(44번지)와 루이비통(101번지)을 비롯하여 랑콤(52번지), 아디다스(22번지), 가장 최근에 문을 연 나이키(79번지)까지. 건축, 디자인, 트렌드가 한 눈에 읽힌다.

d. 86Champs L'Occitane x Pierre Hermé 86샹

프로방스 화장품 록시땅과 마카롱의 대가 피에르 에르메가 만난 콘셉트 스토어. 피에르 에르메가 마카롱에 사용하는 향을 조합해 록시땅 향수를 출시한 것이 그 계기가 되었다. 부티크 가장자리로는 셀 수 없이 많은 록시땅 화장품들이, 중앙의 원형 바에는 삐에르 에르메의 달콤한 마카롱과 화려한 디저트가. 한국까지 가져가기 곤란한 작은 디저트(€6~8)는 안쪽에 있는 살롱 드 떼Salon de thé에서 먹고 가자.

Ⓐ 86 Av. des Champs-Élysées, 75008 / Franklin D. Roosevelt 역에서 도보 4분 Ⓗ 일~목 08:30~23:30, 금/토 08:30~24:30 Ⓜ Map → 8-B-1

e. Disney Store 디즈니 스토어

유럽에서 유일하게 파리에만 디즈니랜드가 있다. 짧은 일정상 디즈니랜드에 갈 수 없었다면 이 곳이 위안이 되길 바란다. 어릴 적 디즈니 영화에서 봤던 캐릭터들을 보며 샹젤리제에서 동심에 젖어보는 것도. 매장에 들어가면 커다란 에펠탑이 반짝이며 그래도 여기는 파리임을 강조하고 있다. 디즈니 만화 주제곡이 흘러나오고, 스크린의 만화 장면은 아이들의 혼을 빼놓기도 한다.

Ⓐ 44 Av. des Champs-Élysées, 75008 / Franklin D. Roosevelt 역에서 도보 1분 Ⓗ 월~토 10:00~22:30, 일 10:00~20:30 Ⓜ Map → 8-B-1

f. Boutique Officielle du PSG 파리 생 제르망 공식 기념품점

축구팬들에게는 여기가 명품 숍. 네이마르가 바르셀로나에서 파리 생 제르망 팀으로 이적했을 땐, 그의 이름이 적힌 유니폼을 사기 위해 전 날 밤부터 줄이 길게 늘어서기도 했다. 평소에도 굳이 줄까지 서면서 들어가야 하나 싶지만 막상 들어가면 유니폼부터, 신발, 열쇠고리, 배지, 볼펜, 선수 캐릭터 인형, 머그컵까지. 지갑이 탈탈 털릴지도.

Ⓐ 7 Av. des Champs-Élysées, 75008 / Franklin D. Roosevelt 역에서 도보 1분 Ⓗ 월~토 10:00~22:00, 일 10:00~21:00 Ⓜ Map → 8-B-1

NOTRE-DAME & AROUND : A Full Day in Paris

노트르담 & 시떼섬 : 파리 안의 파리에서 보내는 꽉 찬 하루

파리 전체에 깨알같이 흩어져있는 볼거리를 보려고 지하철역을 오르락 내리락 반복해야 하는 일은 여행자들의 숙명. 제 아무리 튼튼한 두 다리라도 주인님의 원망을 피하기란 쉽지 않다. 지하철을 타지 않고, 많이 걷지도 않으면서 한 곳에서 많은 추억을 담을 수 있다면 얼마나 좋을까.

노트르담 성당이 우뚝 서 있는 시떼섬과 센느강 건너 양쪽 주변 지역은 수 세기 전까지 파리의 전부였던 곳. 천 년 세월을 견뎌온 거리와 디저트가 맛있는 카페, 파리 전망이 한 눈에 보이는 루프톱, 음악이 흐르는 밤을 보낼 수 만 있다면, 그곳에 머무르지 않을 이유가 없다.

Tip.

가장 먼저 문을 여는 노트르담 성당을 시작으로 개관 시간이 정해진 장소들을 먼저 방문하고, 시간에 구애 받지 않는 장소를 마지막에 보는 순서로 움직이자. 점심식사와 커피 한잔 마실 카페도 다 거기서 거기.

Cathédrale Notre-Dame de Paris 노트르담 대성당(전망대 전경)

1 *Notre-Dame*

Cathédrale Notre-Dame de Paris
노트르담 대성당

Ⓐ 6 Parvis Notre-Dame - Pl. Jean-Paul II, 75004 / Cité 역에서 도보 2분
Ⓗ 월~금 07:45~18:45, 토/일 07:45~19:15
Ⓟ 무료 Ⓜ Map → 5-E-2

1163년을 시작으로 180여 년에 걸쳐 완성된 프랑스 고딕 건축물의 최고 걸작이라 평가 받는다. 1804년 나폴레옹 1세의 대관식이 행해졌다는 건 유명한 이야기, 하지만 프랑스혁명으로 심하게 훼손된 노트르담이 19세기 초 철거 위기에 처했었다는 사실을 아는 이는 많지 않다. 프랑스 대문호 빅토르 위고의 작품 <노트르담의 꼽추Notre-Dame de Paris>가 성당에 대한 관심을 불러 일으켰고, 이는 기금 운동으로 이어져 1845년 복원 작업을 통해 현재의 모습으로 파리 중심을 지키고 있다.

01

02

03

01 장미 창 & 파이프 오르간 : 노트르담 성당의 정면과 각 측면 위에 위치한 10m 너비의 장미 창이 장관. 내부에서 보면 스테인드글라스가 은은하게 빛난다. 정면 장미 창 아래 있는 오르간은 7,800개의 파이프로 구성된 세계에서 가장 큰 오르간 중 하나.

02 무료 오르간 연주 : 매주 토요일 저녁 8시에 노트르담 성당 안에서 무료 오르간 연주회가 열린다. 연주 시간은 45분~1시간. 노래가 함께 할 때도 있다. 성당에 울려 퍼지는 오르간 소리에 자연스럽게 힐링이 된다.

03 종탑 전망대 : 노트르담 성당 전망대에서 바라보는 파리는 에펠탑이나 개선문에서 보는 것과는 또 다르게 장엄하다. 하지만 400개의 계단을 올라가는 수고가 따라줘야 한다.

!

2019년 4월 15일 복원공사 중 대형 화재로 인하여 첨탑과 지붕이 전소되었다. 800년이 넘게 자리를 지켜온 노트르담 대성당이 불에 타 들어가는 모습을 눈 앞에 두고 침묵만이 흘렀던 사건 현장. 현재 성당 주변으로는 바리게이트가 쳐져 내부 입장이 불가한 상태. 2024년 파리 올림픽을 복원공사 완공 시점으로 두고 있지만, 그 가능성은 미지수다.

2 *Notre-Dame*

Hôtel de ville de Paris
파리시청

Ⓐ Place de l'Hôtel de Ville, 75004 / l'Hôtel de Ville 역에서 도보 1분 Ⓟ 특별 전시가 열리거나 예약 시에만 무료 방문 가능 Ⓜ Map → 6-A-4

파리에 워낙 명소가 많아 큰 주목을 못 받고 있지만, 그 어느 건축물 못지 않게 화려하다. 14세기에 세워진 시청은 화재로 훼손되었고, 현재의 모습은 1871년에 재건축한 것. 시청의 오른편으로는 중저가 브랜드 쇼핑을 하기 좋은 리볼리 거리Rue de Rivoli가 있다.

Cafe in Notre-Dame

CAFE 1.

A. Lacroix Pâtissier
아 라크루아 파티시에

Ⓐ 11 Quai de Montebello, 75005 / Saint-Michel 역에서 도보 6분 Ⓗ 매일 10:00~20:00
Ⓟ 아메리카노 €2.5, 디저트 €6~7 Ⓜ Map → 5-E-2

앉아만 있어도 창 밖으로 노트르담 성당의 가장 아름다운 부분인 남쪽 측면이 정면으로 보인다. 고급진 디저트 하나 골라 커피 한 잔, 비가 오면 더 운치 있다. 사과 향 가득한 디저트 '노트르담' 추천.

CAFE 2.

The Tea Caddy
더 티 캐디

Ⓐ 14 Rue Saint-Julien le Pauvre, 75005 / Saint-Michel 역에서 도보 4분 Ⓗ 매일 11:00~19:00 Ⓟ 더블 카페 €4.75, 유기농 차 €6.1, 크럼블 €7.75 Ⓜ Map → 5-E-2

비뚤어진 오래된 건물 안에서 90년을 운영해 온 영국 스타일 찻집. 유기농 차가 담긴 찻잔도 홈메이드 스콘, 머핀, 크럼블이 담긴 접시도 고풍스러운 분위기를 자아낸다.

CAFE 3.

Shakespear and Company Café
셰익스피어 앤 컴퍼니 카페

37 Rue de la Bûcherie, 75005 / Saint-Michel 역에서 도보 4분 Ⓗ 월~금 09:30~19:00, 토/일 09:30~20:00
Ⓟ 스콘 €4, 오늘의 스무디 €5.5 Ⓜ Map → 5-E-2

바로 옆 '셰익스피어 앤 컴퍼니 서점(p.045)'이 워낙 유명한데 반해 카페는 다행히 자리가 없을 정도는 아니다. 노트르담 성당을 바라보며 홈메이드 쿠키를, 여름에는 '아이스 커피', '오늘의 스무디' 추천.

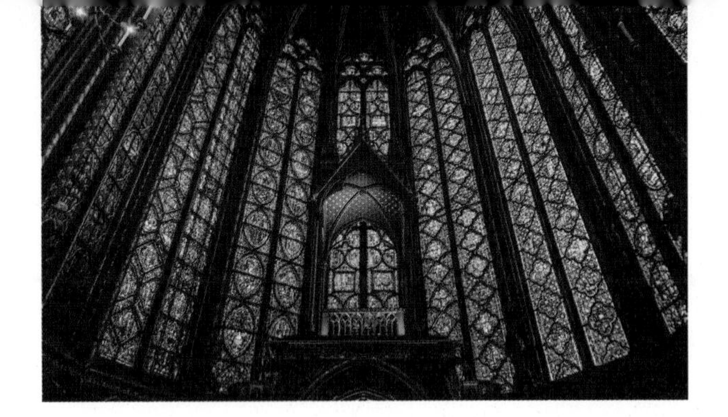

Notre-Dame

Sainte-Chapelle
생트 샤펠 성당

Tip.

생트 샤펠과 콩시에르주리 두 곳을 다 방문한다면 통합 티켓(€18.5)을 구입하자. 두 곳 모두에서 구입 가능.

Ⓐ 8 Boulevard du Palais, 75001 / Cité 역에서 도보 1분
Ⓗ 4~9월 09:00~19:00, 10~3월 09:00~17:00
Ⓟ 일반 €11.5, 18세 미만 무료, 뮤지엄패스 가능
Ⓜ Map → 5-D-2

최초의 용도는 각종 성물을 보관하는 보물창고였다. 1248년 완공된 후에는 왕실의 기도실로 사용되었고 현재는 대중들에게 공개되어 세계에서 가장 아름다운 스테인드글라스를 볼 수 있는 곳. 법원과 그 입구를 같이 쓰고 있어 다른 곳보다 짐 검사가 삼엄하여 줄이 긴 편이지만 일단 들어가면 감탄이 절로 나온다.

Tip. 10유로 이하의 저렴한 식사를 원한다면?

위셰뜨 가Rue de la Huchette는 일명 '먹자골목'. 지극히 관광지적인 분위기에 저렴한 메뉴의 레스토랑들이 손님들을 유혹하지만, 길거리에서 파는 그리스 케밥Kebab과 프랑스 크렙Crêpe이 가장 먹을 만 하다.

Notre-Dame

Conciergerie 콩시에르주리

Ⓐ 2 Boulevard du Palais, 75001 / Cité 역에서 도보 1분
Ⓗ 매일 09:30~18:00
Ⓟ 일반 €11.5, 18세 미만 무료, 뮤지엄패스 가능
Ⓜ Map → 5-D-2

파리 최초의 형무소. 외관은 10-14세기 궁전이었던 건축 그대로, 그러나 1391년부터 형무소로 둔갑하였고 지금은 법원으로 사용 중이다. 마리 앙투아네트의 감옥을 포함해 현재 대중에게 공개된 부분은 과거의 모습을 재현해 놓은 것. 히스토패드Histopad를 대여 (무료, 16 :30분 입장까지) 해서 궁전이었던 당시의 모습을 3D로 생생하게 감상해 보자.

Restaurant in Notre-Dame

MEAL 1.

Le Caveau du Palais
르 꺄보 뒤 빨레

Ⓐ 17-19 Place Dauphine, 75001 / Pont Neuf 역에서 도보 4분 Ⓗ 매일 09:30~22:00 Ⓟ 점심식사+음료+커피 €19, 저녁 리조토 €21 Ⓜ Map → 5-D-2

노천 카페들이 많은 도핀 광장에 있다. 저녁에는 레스토랑이 꽉 찰 정도로 인기다. 바로 옆 바는 오전부터 문을 여니 간단한 프렌치 아침식사(€9)로 하루를 시작해도 좋다.

MEAL 2.

Auberge de la Reine Blanche
오베르쥬 들 라 렌느 블랑슈

Ⓐ 30 Rue Saint-Louis en l'Île, 75004 / Pont Marie 역에서 도보 4분 Ⓗ 화~일 12 :00~14 :30, 18 :00~22 :30 월 휴무 Ⓟ 점심 2코스/3코스 €17.5/€22.5, 저녁 2코스/3코스 €22.5/€27.5 Ⓜ Map → 5-E-1

오래된 가구들과 식기들이 걸려있는 전통적인 인테리어. 친절한 주인이 직접 서빙하는 가정적인 분위기. 달팽이, 푸아그라, 양파 수프 등 프랑스 음식 하면 가장 먼저 떠오르는 전통식이 맛있는 집이다.

MEAL 3.

Desi Road
데시 로드

Ⓐ 14 Rue Dauphine, 75006 / Pont neuf 역에서 도보 5분 Ⓗ 화~목 18 :30~22 :00 금~토 12:00~14:30, 18:30~22:30, 월 휴무 Ⓟ 탈리 €26~32, 인도티 (or 인도차) € 5 Ⓜ Map → 5-D-3

감히 파리에서 가장 맛있는 인도 식당이라고 하고 싶다. 프렌치 시크가 묻어나는 분위기에 손님들의 대부분도 파리지앵들, 그러나 주력 메뉴인 탈리(Thali)에서는 북인도의 멋과 맛이 그대로 느껴진다.

5 *Notre-Dame*

Île Saint-Louis 생루이섬

Ⓐ Île Saint-Louis, 75005 Ⓜ Map → 5-E-1

시떼섬과 함께 파리에 두 개뿐인 자연 섬. 17-18세기 귀족들이 살았던 저택들이 줄지어 서 있다. 마치 부유한 마을에 들어온 느낌. 시떼섬과 생루이섬을 잇는 생루이 다리Pont Saint-Louis 위로는 주로 악사들의 거리 공연들이 펼쳐져 가만히 앉아만 있어도 즐겁다.

Must Try.

Berthillon 베르띠용 아이스크림
1954년 생루이섬에 처음 문을 연 이후 현재까지 대대손손 운영되고 있는 수제 아이스크림 전문점. 신선한 우유와 계란을 넣어 만들었다. 반 세기 넘게 전해 내려오는 산딸기(Fraise des bois) 맛 추천.

Ⓐ 29-31 Rue Saint-Louis en l'Île, 75004 / Pont Marie 역에서 도보 4분
Ⓗ 수~일 10:00~20:00, 월/화 휴무
Ⓜ Map → 5-E-1

6 *Notre-Dame*

Pont Neuf 퐁네프 다리

Ⓐ 15 Place du Pont Neuf, 75001 / Pont Neuf 역에서 도보 1분
Ⓜ Map → 5-D-2

시떼섬을 가로 질러 파리의 남쪽과 북쪽을 연결한다. 이제는 너무도 오래된 영화 <퐁네프의 연인들>을 떠 올리며 온다기 보다는 다리 중간중간 둥근 석조 테라스에 앉아 석양을 보기 위해 오는 경우가 더 많다.

7 *Notre-Dame*

Samaritaine 사마리텐 백화점

Ⓐ 9 Rue de la Monnaie, 75001 / Pont Neuf 역에서 도보 1분 Ⓗ 매일 10:00-20:00 Ⓜ Map → 5-D-2

150년의 역사를 지녔지만 1970년대 이후 침체기에 들어서며 문을 닫고 흉물처럼 서 있던 파리의 아픈 손가락. LVMH그룹에서 사들여 기나긴 보수작업 끝에 2021년 6월 23일 부활에 성공했다. 명품만 가득하다는 혹평도 있지만, 아르누보 스타일의 건물 자체는 부정할 수 매력. 천장과 맞닿은 5층이 가장 화려하다.

8 *Notre-Dame*

Institut du Monde Arabe 아랍 세계 연구소

Ⓐ 1 Rue des Fossés Saint-Bernard, 75005 / Cardinal Lemoine 역에서 도보 5분 Ⓗ 화~금 10:00~18:00, 토/일 10:00~19:00, 월 휴무 Ⓜ Map → 5-E-1

쉿! 공짜 전망을 볼 수 있다. 안에는 아랍 관련 서적과 아랍 관련 다양한 유료 전시회가 열린다. 전시회에 가지 않고도 엘리베이터를 탈 수 있고, 옥상(9층)으로 올라가면 노트르담 성당과 센느강의 멋진 뷰가 펼쳐진다.

Night Time in Notre-Dame

NIGHT 1.

Église Saint-Julien-le-Pauvre de Paris
생 줄리앙 르 뽀브흐 성당(p.069)

12세기 성당에 울려 퍼지는 베토벤과 쇼팽의 피아노 연주를 듣는 건 정말 특별한 경험이다.

NIGHT 2.

Le Caveau de la Huchette
르 까보 들 라 위셰뜨(p.099)

파리에서 가장 오래된 재즈 바. 와인 한 잔과 리듬에 흥이 올라왔다면 음악에 몸을 맡겨도 좋다.

NIGHT 3.

Le Caveau des Oubliettes
르 까보 데 우블리에뜨(p.099)

입장료는 없다. 술 한 잔만 시키면 과거 지하 감옥이었던 으슥한 곳에서 작은 콘서트를 볼 수 있다.

NIGHT 4.

Le Perchoir Marais
르 뻬흐슈아 마레(p.092)

그래도 파리 야경은 에펠탑이 보여야 제 맛이라면, BHV 루프톱 바에서 칵테일 한 잔이 정답.

QUARTIER LATIN : Paris est une Fête

라틴 지구 : 파리는 날마다 축제, 헤밍웨이가 사랑한 파리

라틴 지구 추천 루트

헤밍웨이의 열렬한 팬이 아닐지라도, 그의 발자취를 따라 걷다 보면 아직 관광객들에게 덜 알려진 라틴 지구의 매력이 하나 둘씩 보인다. 그냥 걷는다면 두 시간 정도의 짧은 여정, 그가 느꼈을 감정들을 상상하며 커피 한잔, 식사까지 한다면 반나절. 특파원으로 파리에 왔던 그가 작가가 되기로 결심한 것처럼 뭔가를 결심했다면 혹시 모른다, 7년을 보내게 될지….

- 콩트르스카프 광장 Place de la Contrescarpe
- (도보1분)
- 어니스트 헤밍웨이의 아파트 Apartment de Ernest Hemingway
- (도보3분)
- 생떼띠엔 뒤 몽 성당 Saint Etienne du Mont
- (도보9분)
- 뤽상부르 공원 Jardin du Luxembourg
- (도보3분)
- 거트루드 스타인의 아파트 Apartment de Gertrude Stein
- (도보13분)
- 클로제리 데 릴라 Closerie des Lilas
- (RER B+도보 총 7분)
- 셰익스피어 앤 컴퍼니 서점 Cimetière du Montparnasse
- (메트로 4+도보 총 8분)
- 레 더 마고 Les Deux Magots

Rue Mouffetard 무프타르 거리

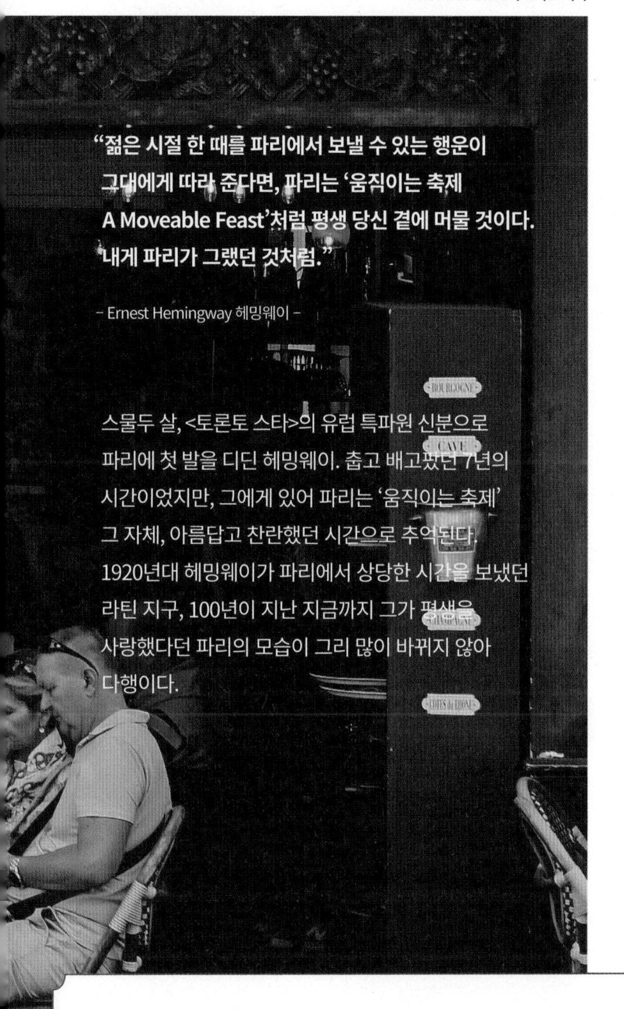

"젊은 시절 한 때를 파리에서 보낼 수 있는 행운이 그대에게 따라 준다면, 파리는 '움직이는 축제 A Moveable Feast'처럼 평생 당신 곁에 머물 것이다. 내게 파리가 그랬던 것처럼."

– Ernest Hemingway 헤밍웨이 –

스물두 살, <토론토 스타>의 유럽 특파원 신분으로 파리에 첫 발을 디딘 헤밍웨이. 춥고 배고팠던 7년의 시간이었지만, 그에게 있어 파리는 '움직이는 축제' 그 자체, 아름답고 찬란했던 시간으로 추억된다. 1920년대 헤밍웨이가 파리에서 상당한 시간을 보냈던 라틴 지구, 100년이 지난 지금까지 그가 평생을 사랑했다던 파리의 모습이 그리 많이 바뀌지 않아 다행이다.

Quartier Latina

1 Place de la Contrescarpe
꽁트르스카프 광장

Ⓐ Place de la Contrescarpe, 75005 / Place Monge 역에서 도보 4분
Ⓜ Map → 5-F-2

무프타르 거리 가장 높은 곳, 헤밍웨이가 차가운 바람에 책을 펼치곤 했던 광장. 가운데 분수를 중심으로 광장에 빙 둘러 있는 식당들은 특히 점심시간이 되면 관광객들과 현지인들로 북새통을 이룬다.
헤밍웨이가 '무프타르의 시궁창'이라고 묘사했던 카페 데 자마터Café des Amateurs가 있던 자리에는 근처 대학생들이 깔깔대며 수다가 끊이지 않는 카페 들마Café Delmas가 자리하고 있다. 현지인처럼 에스프레소 한 잔과 크루아상으로 기분 좋게 아침식사를 하며 헤밍웨이에게 '이곳은 더 이상 시궁창이 아니라오'라고 감히 부정해볼까.

Nearby.

Rue Mouffetard
무프타르 거리
꽁트르스카프 광장에서 시작하는 거리 중 하나인 무프타르는 파리에서 가장 오래된 거리 중 하나다. 헤밍웨이는 이 거리를 '비좁지만 늘 사람들로 붐비는 매력적인 시장 골목'이라고 했다. 식당, 바, 치즈 가게, 빵집, 과일 가게 등 하나같이 다 정갈하다. 광장에 가까운 위쪽보다는 아래로 내려갈수록 흥미로워진다.

Ⓐ Rue Mouffetard, 75005 / Censier-Daubenton 역에서 도보 4분
Ⓜ Map → 5-F-2

La Maison des Tartes
라 메종 데 따흐뜨
무프타르 거리의 식당 중 가장 정감이 가는 홈메이드 타트 전문점. 햄과 치즈 혹은 가지가 들어있는 타트는 식사로, 애플 크럼블이나 블루베리 같은 타르트는 디저트로, 여기에 음료까지 더한 세트 메뉴가 고작 9유로다. 타르트는 어느 하나 딱 집어 추천할 수 없을 정도로 다 맛있다. 음료는 그리 달지도 시지도 않은 홈메이드 레모네이드 추천.

Ⓐ 67 Rue Mouffetard, 75005 / Place Monge 역에서 도보 6분
Ⓜ Map → 5-F-2

Quartier Latina

3 Apartment de Ernest Hemingway
어니스트 헤밍웨이의 아파트

Ⓐ 74 Rue du Cardinal-Lemoine, 75005 / Cardinal Lemoine 역에서 도보 4분
Ⓜ Map → 5-F-2

카페 들마에서 나와 왼쪽으로 돌면 헤밍웨이가 수도 없이 걸었을 카디날-르무안 거리가 이어진다. 스물둘이었던 그는 아내와 파리에 도착하자마자 이 거리 74번지 3층 아파트에 살았다. 헤밍웨이가 살았던 아파트라는 팻말이 보이자마자, 왠지 그를 만난 것 같은 반가움이 솟구친다. 그는 이곳을 '비좁고, 안에 화장실도 없었으며 찬물 밖에 나오지 않았던 추운 곳'으로 기억했지만….

Quartier Latina

4 Saint Etienne du Mont
생떼띠엔 뒤 몽 성당

Ⓐ Place Sainte-Geneviève, 75005 / Cardinal Lemoine 역에서 도보 4분
Ⓗ 월 18:30~19:30, 화~금 08:45~19:45, 토/일 08:45~12:00/14:00~19:45
Ⓜ Map → 5-F-2

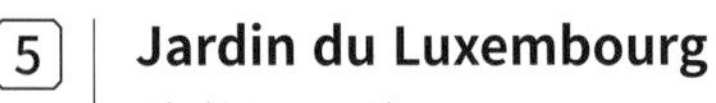

영화 <미드나잇 인 파리>에서 밤 열두 시마다 올드 클래식 푸조가 나타났던 장소. 주인공 길이 차에 오르면 헤밍웨이가 살았던 1920년대로 거슬러가는 시간 여행이 시작된다. 그래서인지 밤 열두 시에 찾아가고 싶은 성당. 안에는 프랑스 수학자 블레즈 파스칼과 극작가 장 라신이 묻혀 있고 주변은 소르본 대학가라 밤이 늦어도 술잔을 기울이는 학생들이 심심찮게 보인다. 이 동네에서 술에 취해 정신을 잃었다간 팡테옹(p.031)에 잠들어 있는 빅토르 위고와 에밀 졸라의 영혼이 보인다는 소문이.

Quartier Latina

5 Jardin du Luxembourg
뤽상부르 공원

Ⓐ Jardin du Luxembourg, 75006 / Luxembourg 역에서 도보 1분
Ⓜ Map → 5-F-3

거트루드 스타인Gertrude Stein의 아파트로 가기 위해 뤽상부르 공원을 가로지르는 길은 헤밍웨이가 가장 좋아하는 여정 중 하나였다. 아내와 아들을 데리고 시끄럽고 비좁은 아파트를 벗어나 산책을 하러도 자주 왔다. 현재 푹신푹신한 잔디 대부분에는 '잔디를 밟지 마시오' 팻말이 적혀 있어 아쉬움이 있다. 대신 군데군데 메탈 의자가 있어 현지인들이 앉아 햇빛을 만끽하는 곳. 뤽상부르 공원의 환상에서 깨어나고 싶지 않다면 피크닉보다는 드넓은 공원을 걸으며 산책하는 편을 추천한다.

PLUS

Apartment de Gertrude Stein 거트루드 스타인의 아파트

미국의 여류 소설가 거트루드 스타인이 살았던 아파트. 그녀의 따뜻한 환대 속에서 벽에 걸려있는 그림들을 바라보며 이야기하는 것이 좋아 헤밍웨이는 이곳을 습관처럼 들렸다. 문 앞에 가만히 서 있으면, 글쓰기에 대한 조언과 그가 쓴 글에 대한 평가를 듣겠다는 욕망으로 묵직한 대문을 두드렸을 헤밍웨이가 떠오른다.

Ⓐ 27 Rue de fleurus 75006 / Saint-Placide 역에서 도보 3분 Ⓜ Map → 5-F-4

6 Closerie des Lilas
클로제리 데 릴라

Quartier Latina

Ⓐ 171 Boulevard du Montparnasse, 75006 / Port-Royal 역에서 도보 1분
Ⓗ 매일 12:00~01:30
Ⓜ Map → 9-E-2

헤밍웨이가 파리에서의 시절을 회상하며 쓴 회고록 <파리는 날마다 축제Paris est une Fete>에서 가장 자주 등장하는 카페. "몽파르나스 대로의 다른 카페들보다 좀 덜 화려하고 더 저렴한 <클로제리 데 릴라>에 자주 왔다. (1924년에) 새로 이사한 아파트에서 몇 걸음 되지 않는 이곳은 겨울에는 실내가 따뜻했고, 여름에는 그늘에 테라스가 있어 글쓰기에 너무나도 쾌적했다" 라고 책에 적혀 있다. 현재에도 식당의 모습은 헤밍웨이가 회상하는 그 모습 그대로. 더 이상 저렴하진 않지만 미슐랭이 추천하는 인기 식당이다. 한끼 식사는 최소 30유로 이상.

7 Shakespeare and Company
셰익스피어 앤 컴퍼니 서점

Quartier Latina

Ⓐ 37 Rue de la Bûcherie, 75005 / Saint Michel 역에서 도보 1분
Ⓗ 서점 11:00~19:00/ 까페 10:00~19:00
Ⓜ Map → 5-E-2

당시에는 오데옹 거리 12번지에 있는 작은 서점이었다. 현재는 노트르담 성당이 지그시 바라다 보이는 생 미셸 광장 근처로 옮겨 역사를 이어가고 있다. 돈을 내지 않고 책을 맘껏 빌려가도 좋다는 책방 주인 실비아의 말에 헤밍웨이는 아이처럼 기뻐했다. 위층에는 낡은 피아노와, 가난한 작가들이 일과 글쓰기를 병행하며 밤에는 쪽잠을 자는 허름한 잠자리가 마련되어 있다. 헤밍웨이의 책과 생텍쥐베리의 <어린왕자>가 가장 눈에 띄지만, 그 외에도 요즘 나오는 영미서적 큐레이션이 좋아 우연히 들릴 때면 계획에 없던 책 한 권을 사게 된다.

8 Les Deux Magots
레 더 마고 (p.074)

Quartier Latina

Ⓐ 6 Place Saint-Germain des Prés, 75006 / Saint-Germain des Prés 역에서 도보 1분
Ⓗ 매일 07:30~01:00
Ⓜ Map → 5-E-3

1885년에 오픈한 레 더 마고는 랭보와 앙드레 지드, 피카소 등 셀 수 없이 많은 예술가들과 철학자들이 자주 드나들었고 헤밍웨이 역시 단골 손님이었다. 지금은 유명세만큼이나 커피 값이 많이 올랐지만, 만약 그러지 않았다면 관광객들이 떼로 몰려들어 헤밍웨이가 사랑했던 1920년대의 분위기는 안드로메다로 갔을지 모른다. 대로 쪽을 바라보고 있는 테라스 자리가 가장 인기지만, 당시의 화려한 인테리어가 그대로 남아있는 내부도 놓치지 말아야 한다.

LE MARAIS: A Trendy and Historic Walk

마레 지구 : 17-18세기 귀족의 중심지가 21세기 핫플레이스로

수년 전 파리 행 비행기 안에서 마레 지구에 꼭 가보라던 파리지앵 회사 동료의 말이 기억난다.
"완전 사랑하게 될 거야."

화려한 저택은 고즈넉한 테라스 카페를 마련해 그 대문을 활짝 열었다.
귀족들의 사교 장소였던 보쥬 광장에는 볕이 좋은 날 파리지앵들이 피크닉하기 좋은 잔디밭이 펼쳐지고,
수 백 년 세월이 묻어나는 골목 안으로는 팝업 스토어가, 낡고 작은 대문 뒤로는 비밀 같은 정원이.
길을 잃고 헤매도 좋다. 세기를 넘나드는 파리와 사랑에 빠져도 괜찮다면.

Place des Vosges 보쥬 광장

1 Place des Vosges
보쥬 광장

Le Marais

Ⓐ Place des Vosges, 75004 / Chemin vert 역에서 도보 5분
Ⓜ Map → 6-C-4

Plus Info.

Maison de Victor Hugo 빅토르 위고의 집 (p.067)
보쥬 광장이 멋들어지게 내려다 보이는 이 저택에서 1832년 빅토르 위고는 가족과 함께 16년을 살았다. 이 곳에 거주하며 쓴 작품만 100편 이상, <레미제라블>의 대부분도 여기서 완성되었다. 빅토르 위고의 집은 그의 유품 외에도 19세기 부르주아의 삶을 엿 볼 수 있는 좋은 기회다. 게다가 인심도 좋아 무료 관람.

Ⓐ 6 Place des Vosges, 75004 / Chemin vert 역에서 도보 6분
Ⓗ 화~일 10:00~18:00, 월 휴무 Ⓜ Map → 6-C-4

Tip.

Hôtel Particulier 오뗄 파티큘리에 : 17-18세기 저택의 이유 있는 변신
프랑스어로 Hôtel은 우리가 알고 있는 '호텔'이라는 뜻도 있지만, 과거 귀족의 집, 즉 저택(Hôtel Particulier)이라는 뜻도 있다. 마레 지구에서는 저택을 의미하는 Hôtel을 많이 볼 수 있다

2 Hôtel de Sully
쉴리 저택

Le Marais

62 Rue Saint-Antoine, 75004 / Saint-Paul 역에서 도보 4분
Ⓜ Map → 6-C-4

1. 마레 지구가 귀족들의 중심지가 될 수 있었던 건, 1605년 앙리 4세가 보쥬 광장을 중심으로 화려한 저택을 짓기 시작하면서부터다. 광장을 사방으로 둘러쌓고 있는 붉은 벽돌의 저택들은 과거에는 귀족들이, 그 후에는 돈 많은 부르주아들이 살았었다. 북쪽 중앙 가운데 왕비가 살았던 저택은 현재 5성급 고풍스러운 호텔(p.129 'La Pavillion de la Reine' 참조)로, 19세기 프랑스 대문호 빅토르 위고가 살았던 저택은 박물관으로 오픈했다.

2. 마레 지구에서 가장 아름다운 저택으로 꼽힌다. 17세기 초 앙리 4세의 전 재무장관이었던 쉴리 공작이 주거용으로 구입, 그의 가문이 100년 이상을 거주했다. 정원 안으로 들어가면 마치 파리를 벗어난 듯 정적이 흐르고, 높은 넝쿨 담장이 낭만을 자아낸다. 아직도 누군가가 살고 있을 것 같지만, 현재는 에펠탑, 개선문 등의 국립문화재 관리사무소로 쓰이고 있다.

3 Jardin de l'Hôtel-Lamoignon
라무아뇽 저택 정원

Le Marais

Ⓐ 25 Rue des Francs Bourgeois, 75004 / Saint-Paul 역에서 도보 4분
Ⓜ Map → 6-B-4

Dont' Miss.

Massacre en Corée 한국에서의 학살
신천 양민학살 사건에 대한 이야기를 듣고 그린 작품. 한국전쟁에 미국이 개입하는 걸 강력하게 반대했던 프랑스 공산당이 당시 공산당원이었던 피카소에게 반미 선전을 위한 작품을 부탁하면서 그리게 되었다.

4 Musée Carnavalet
카르나발레 박물관

Le Marais

Ⓐ 16 Rue des Francs Bourgeois, 75003 / Saint-Paul 역에서 도보 5분
Ⓗ 화~일 10:00~18:00 월 휴무
Ⓟ 입장료 무료 (상설전시)
Ⓜ Map → 6-B-4

5 Picasso Museum
피카소 미술관

Le Marais

Ⓐ 5 Rue de Thorigny, 75003 / Chemin vert 역에서 도보 7분
Ⓗ 화~금 10:30~18:00, 토/일 09:30~18:00, 월 휴무
Ⓟ 입장료 €14, 18세 미만 무료, 뮤지엄패스 가능
Ⓜ Map → 6-B-3

3. 저택들이 늘어선 수백 년 역사의 거리를 걷다가, 다리가 아프면 잠시 쉬워가도 된다. 그것도 저택 안의 정원에서. 이 얼마나 호화로운 산책인가. 파리시의 역사 도서관으로 사용되고 있는 이 저택은 100여 년을 거주했던 라무아뇽 귀족 가문의 이름을 따서 부르고 있다. 정원은 작지만 관리가 잘 되어 있어, 300여 년 전 귀족의 저택에 찾아온 느낌이 든다.

4. 루이 14세의 정부이기도 했던 세비녜 후작 부인Madame de Sévigné의 저택이다. 16, 17세기에 각각 지어진 두 건물이 연결되어 있는 이 곳은 현재 세비녜 부인의 유품과 파리 역사를 볼 수 있는 그림, 조각 장식품 등이 전시된 박물관. 외국인보다는 현지인들에게 더 인기, 언제 가도 긴 줄이 늘어서 있다. 파리를 더 깊게 알고 싶은 사람이라면 반드시 가봐야 하는 곳.

5. 파리에서 스페인 화가의 미술관 방문이 웬 말이냐고 한다면 천만의 말씀. 피카소는 인생의 상당 부분을 파리에서 보냈다. 프랑스 정부는 피카소의 유족들로부터 유산 상속세를 작품들로 기증 받았고, 17세기 중반에 지어진 살레 저택 Hôtel Salé을 파리시가 사들여, 1985년 피카소 미술관으로 개관하였다. 피카소의 그림만 250여 점, 스케치, 조각, 책, 사진까지 합하면 5,000여 점이 넘는 작품들을 보유하고 있다.

Cafe in Le Marais

CAFE 1.

Boot Café 부트 카페

Ⓐ 19 Rue du Pont aux Choux, 75003 / Filles du Calvaire 역에서 도보 4분
Ⓗ 토,일만 오픈 10:00~17:00
Ⓜ Map → 6-C-3

'Cordonnerie'라고 써 있는 낡은 간판이 과거 구둣방이었음을 알려준다. 안에 자리가 4개 밖에 없는 작디 작은 카페지만, 맛있는 커피(€2.5~4)와 홈메이드 쿠키(€3.5), 아이스커피까지 우리가 원하는 건 다 있다. 테이크 어웨이도 가능.

CAFE 2.

Jacques Genin 자끄 제낭

Ⓐ 133 Rue de Turenne, 75003 / Filles du Calvaire 역에서 도보 5분
Ⓗ 화~일 11:00~19:00, 월 휴무
Ⓜ Map → 6-C-2

파리 고급 호텔과 레스토랑에 초콜릿을 공급하던 유명한 초콜릿 전문가 자끄 제낭이 자신의 이름으로 낸 초콜릿 전문점. 마시는 핫 초콜릿Chocolat chaud(€7) 한 잔과 밀푀유Mille-feuilles(€9) 하나면 하루의 피로가 싹 가시는 것 같다.

CAFE 3.

Le Café Suédois 스웨덴 문화원 카페 (p.081)
18세기 저택 안에 자리잡은 스웨덴 문화원이 운영하는 테라스 카페.

CAFE 4.

Terres de Café 떼흐 드 카페 (p.077)
흔들의자에 앉아 있으면 프랑스어로 커피 이야기가 끊임 없이 들리는 곳.

CAFE 5.

Caféothèque 카페오떼끄 (p.077)
마레 지구의 가장 한적한 곳에 위치한 커피가 맛있는 집.

Concept Store : 마레 지구는 핫한 편집숍 천국

3 Merci
메르시

Le Marais

Ⓐ 111 Boulevard Beaumarchais, 75003 / Filles du Calvaire 역에서 도보 4분
Ⓗ 월~토 10:00~19:30, 일 휴무
Ⓜ Map → 6-C-3

1 MOna MArket
모나 마켓

Le Marais

Ⓐ 4 Rue Commines, 75003 / Filles du Calvaire 역에서 도보 3분
Ⓗ 화~토 11:00~19:00, 일/월 14:30~19:00
Ⓜ Map → 6-C-2

4 Broken Arm
브로큰 암

Le Marais

Ⓐ 12 Rue Perrée, 75003 / Temple 역에서 도보 4분
Ⓗ 화~토 08:30~18:00 (까페), 화~토 11:00~19:00 (샵), 일/월 휴무
Ⓜ Map → 6-B-2

2 Empreintes
앙프랑트

Le Marais

Ⓐ 5 Rue de Picardie, 75003 / Filles du Calvaire 역에서 도보 6분
Ⓗ 화~일 11:00~19:00, 월 휴무
Ⓜ Map → 6-B-2

5 Bonton
봉똥

Le Marais

Ⓜ 5 Boulevard des Filles du Calvaire, 75003 / Filles du Calvaire 역에서 도보 2분
Ⓗ 월~토 10:00~19:00, 일 휴무
Ⓜ Map → 6-C-2

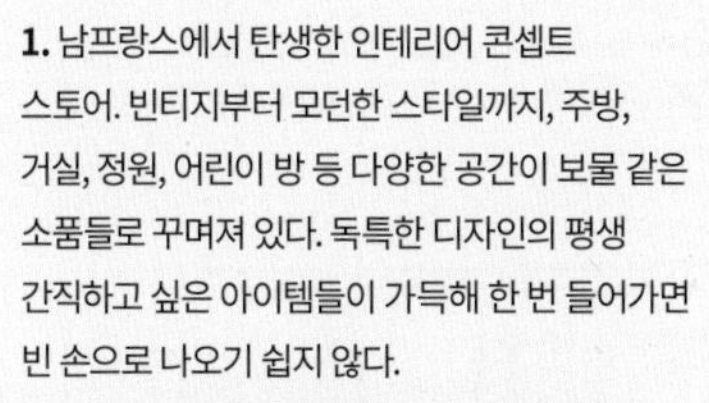

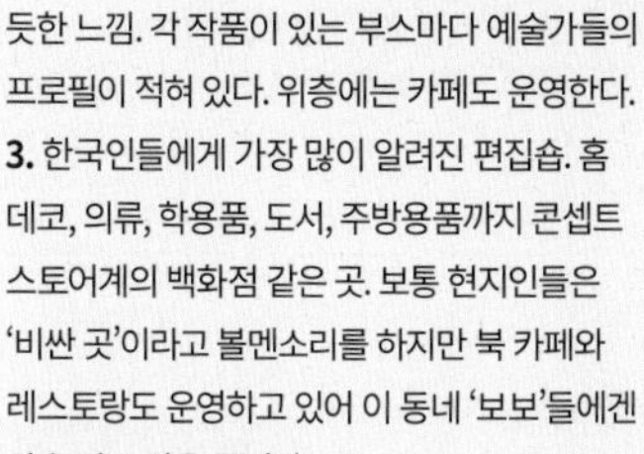

1. 남프랑스에서 탄생한 인테리어 콘셉트 스토어. 빈티지부터 모던한 스타일까지, 주방, 거실, 정원, 어린이 방 등 다양한 공간이 보물 같은 소품들로 꾸며져 있다. 독특한 디자인의 평생 간직하고 싶은 아이템들이 가득해 한 번 들어가면 빈 손으로 나오기 쉽지 않다.

2. 프랑스 전역에서 활동하고 있는 현지 예술가들의 수공예품을 한 자리에서 만나 볼 수 있다. 액세서리, 스카프, 접시, 가방, 그 어느 하나 예술이 아닌 게 없어 마치 전시회를 관람하는 듯한 느낌. 각 작품이 있는 부스마다 예술가들의 프로필이 적혀 있다. 위층에는 카페도 운영한다.

3. 한국인들에게 가장 많이 알려진 편집숍. 홈 데코, 의류, 학용품, 도서, 주방용품까지 콘셉트 스토어계의 백화점 같은 곳. 보통 현지인들은 '비싼 곳'이라고 볼멘소리를 하지만 북 카페와 레스토랑도 운영하고 있어 이 동네 '보보'들에겐 약속 장소 같은 곳이다.

4. 남녀 의류, 신발, 책자, 음악 CD까지 '모던한 젊은이'라는 콘셉트로 패션 피플들 사이에서는 유명한 편집숍. 대부분이 보통 사람들은 소화하기 힘든 스타일이라 보는 것만으로 만족해야 할 수도 있다. 하지만 함께 운영하는 북유럽 스타일의 카페는 부담 없이 쉬어가기 좋다.

5. 메르시에서 50m 정도 걸으면 어린이들을 위한 콘셉트 스토어 봉똥이 있다. 트렌드가 묻어나는 베이직한 아기 옷들, 귀여운 소품들이 아이들의 눈높이에 맞춰 진열되어 있는 센스. 매장 안쪽 미용실은 소꿉놀이를 연상시킨다. 위트 있는 인테리어가 구경만으로도 즐거운 곳.

05
Spots

MONTMARTRE : A Village of Artists

몽마르뜨 : 예술가들의 마을

**1859년 전 까지만 해도 몽마르뜨는 파리에서 조금만 걸으면 갈 수 있는 작은 마을이었다.
비탈진 좁은 골목길을 따라 오르는 시골 풍경은 19~20세기 화가들에게 영감을 주어
수 많은 걸작을 탄생시켰다.**
헤아릴 수 없는 수 많은 밤들을 선술집에 모여 예술을 논하고, 술 한잔을 기울이며 영혼을 달래였던 그들. 몽마르뜨 언덕은 형식적인 삶을 거부하고 자유를 꿈꾸던 예술가들의 고향이자, 프랑스인들이 고이 간직하고 싶은 아름다운 추억이다.

몽마르뜨 추천 루트

파리에 살며 수도 없이 몽마르뜨를 가 본 결과, 대부분의 관광객들이 택하는 무작정 꼭대기로 향하는 짧은 루트보다 조금은 돌아가더라도 예술가들의 흔적이 느껴지는 명소들과 몽마르뜨를 살아가는 사람들의 일상을 볼 수 있는 완만한 루트를 추천한다.

- 블랑슈 역 Blanche
- (도보1분)
- 물랑 루즈 Moulin Rouge
- (도보5분)
- 테오 반 고흐의 아파트 Appartement de Théo Van Gogh
- (도보6분)
- 물랑 들 라 갈레뜨 Moulin de la Galette
- (도보2분)
- 달리다 광장 Place Dalida
- (도보2분)
- 라 메종 로즈 La maison Rose
- (도보2분)
- 르 꽁쉴라 Le Consulat
- (도보1분)
- 달리 미술관 Espace Dalí
- (도보2분)
- 테르트르 광장 Place du Tertre
- (도보3분)
- 사크레쾨르 성당 La Basilique du Sacré Cœur de Montmartre
- (도보8분)
- 사랑해 벽 Mur des je t'aime
- (도보1분)
- 아베스 역 Abbesses

Place du Tertre 테르트르 광장

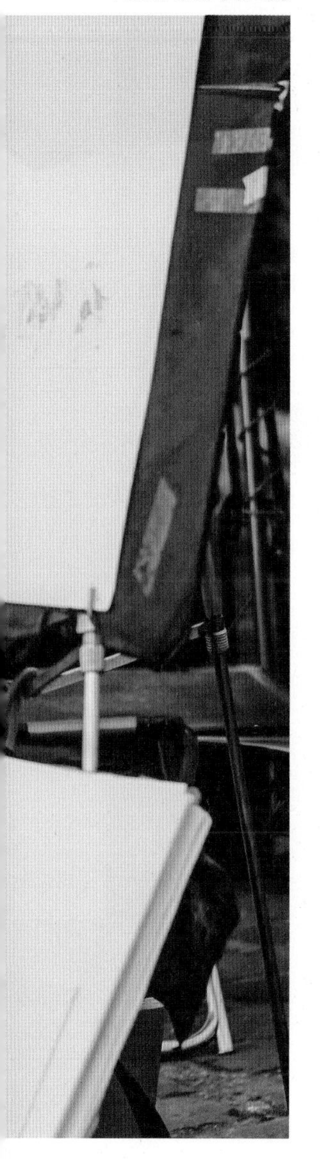

Tip . 공연 관람

물랑 루즈의 쇼는 야할 것이라는 선입견이 있는데, 만 6세 이상부터 관람 가능한 건전한 쇼이다. 물랑 루즈 바로 옆 티켓 오피스가 있지만, 단체 손님이 많은 편이니 인터넷으로 미리 예약을 하는 것이 좋다.
www.moulinrouge.fr

Montmartre

1 Moulin Rouge
물랑 루즈

Ⓐ 82 Boulevard de Clichy, 75018 / Blanche 역 바로 앞
Ⓗ 공연시간 19:00(저녁식사)/21:00/23:00
Ⓟ 관람료 €77~420
Ⓜ Map → 7-F-3

블랑슈 역에서 나오자마자 눈 앞에 나타나는 빨간 풍차는 물랑 루즈. 1889년 몽마르뜨 언덕 아래 첫 문을 열고, 거울 벽으로 둘러 쌓인 내부에서는 여자들이 치맛자락을 잡고 다리를 쭉쭉 들어 올리는 격렬한 프렌치 캉캉을 선보였다. 화려한 밤을 즐기기 위해 모여든 사람들 중 화가 툴르즈 로트렉은 그야말로 물랑 루즈의 터줏대감. 무대에서는 격정적인 춤을, 무대 뒤에서는 고단한 모습이 담긴 무희들을 그린 그의 그림은 오르세 미술관 걸려있다. 2001년 영화 <물랑 루즈>의 흥행 덕을 톡톡히 보며 요즘에도 손님이 끊기지 않는다. (p.020 '물랑 루즈' 참조)

Tip . Le Petit Train 쁘띠 트레인

연세 드신 부모님 혹은 아이와 함께하는 여행자들에게 추천한다. 물랑 루즈 맞은편에서 30분 마다 출발해 몽마르뜨 언덕 꼭대기를 찍고 다시 원점으로 돌아오는 40분간의 코스.

Ⓟ 어른 €7 / 어린이 (만 2-12세) €4.5
Ⓗ 매일 10:00~18:00 (해가 긴 여름은 자정까지)
티켓예매 : www.promotrain.fr (현장 구매도 가능)

Don't Miss.

Café des Deux Moulins 카페 데 더 물랑
물랑 루즈에서 본격적으로 몽마르뜨 언덕이 시작되는 르픽 거리에 오르자마자 모퉁이에 보이는 카페는 몽마르뜨에서 몇 안되는 합리적인 가격의 식사를 할 수 있는 곳. 특히 '오늘의 식사'가 포함된 점심 메뉴는 저렴하고 푸짐하다. 영화 <아멜리에>의 촬영 장소로 관광객에게 유명해졌지만, 현지인 손님도 꾸준하다.

Ⓐ 15 Rue Lepic, 75018 / Blanche 역에서 1분
Ⓗ 월~금 07:30~02:00, 토/일 08:00~02:00 Ⓜ Map → 7-E-3

2 Appartement de Théo Van Gogh
테오 반 고흐의 아파트

Montmartre

Ⓐ 54 Rue Lepic, 75018 / Blanche 역에서 도보 5분
Ⓜ Map → 7-E-3

반 고흐는 생전에 그림 하나 팔지 못했던 불운의 화가였지만, 그에게는 그림 중계상으로 꽤 성공한 든든한 남동생 테오가 있었다. 테오가 아내와 살았던 이 아파트에 반 고흐가 2년 동안 함께 살았으니, 몽마르뜨 골목 골목에서 그는 얼마나 많은 추억을 쌓았을까. 아파트에는 현재 일반인이 거주하고 있고, 건물 대문 옆에 '1886년부터 1888년까지 빈센트 반 고흐가 동생 테오 집에서 살았음'이라는 팻말만이 붙어있다.

Don't Miss.

Le Passe-Muraille 벽을 뚫는 남자
벽에서 몸이 차마 다 빠져 나오지 못한 듯한 남자 동상은 그 숨은 사연을 몰라도 그냥 지나칠 수 없을 정도로 우스꽝스럽다. 벽을 뚫는 능력을 가진 남자가 자신이 좋아하던 유부녀와 남편 몰래 사랑을 나눈 후, 평소와 같이 벽을 뚫고 나오려다가 그대로 몸이 굳어버린 모습. 알고 보니 그날 두통약인 줄 알고 먹었던 약이 그의 괴상한 능력을 없애는 약이었던 것. 1942년 프랑스 소설가 마르셀 에메의 단편소설 주인공 이야기지만, 마치 과거의 인물이 벽을 뚫고 현재로 나오려는 것 같아 손을 잡아 당겨주고 싶다.

Ⓐ Place Marcel Aymé, 75018 / Lamarck - Caulaincour 역에서 도보 3분 Ⓜ Map → 7-D-2

3 Place Dalida
달리다 광장

Montmartre

Ⓐ Place Dalida, 75018 / Lamarck - Caulaincour 역에서 도보 3분
Ⓜ Map → 7-D-2

몽마르뜨의 중턱쯤, 잠깐 쉬어가기 좋은 나무 그늘 아래에는 머리를 풀어헤친 아리따운 여성의 흉상이 있다. 그녀는 몽마르뜨에서 살았던 세계적인 셀럽, 달리다. 1997년 그녀가 죽은 지 10년을 추모하며 세워졌는데, 그녀를 찾는 수많은 사람들의 손길에 어찌하여 볼록한 가슴 부분만 닳고 닳았는지는.

Tip.

달리다Dalida(1933~1987)는 누구?
1954년 미스 이집트 출신의 달리다는 우아한 미모에 실력 있는 프랑스 샹송 가수이자 배우였다. 10개 국어로 노래를 부르며 전 세계에서 인정 받았지만, 불운한 가정사에 사랑에도 실패하고, 주변인들의 계속되는 죽음으로 우울증을 앓으면서도 관객 앞에서 웃음을 지어야 했던 그녀. 결국 1987년 5월 3일 몽마르뜨의 자택에서 자살로 생을 마감했다.

4 Moulin de la Galette
물랑 들 라 갈레뜨

Montmartre

Ⓐ 83 Rue Lepic, 75018 / Lamarck - Caulaincour 역에서 도보 5분
Ⓗ 매일 12:00~22:15
Ⓟ 전식+본식+후식 €39 Ⓜ Map → 7-E-2

빈약해 보이는 나무 재질의 풍차가 어떻게 무수한 세월을 견뎌왔을까 싶다. 17세기까지만 해도 지대가 높은 몽마르뜨 언덕은 풍차로 풍력을 얻어 썼으나, 19세기 말 그 인기가 떨어지며 서서히 해체되던 시기에 풍차를 상징으로 내세우며 물랑 들 라 갈레뜨가 댄스홀로 문을 열었다. 르누아르의 <물랑 들 라 갈레뜨의 무도회> 작품에 그 옛 이미지가 고스란히 남아있다. 레스토랑으로 운영되는 지금, 관광객 손님들이 주를 이루지만 비싼 가격만큼 맛과 서비스가 좋다.

5

Montmartre

La Maison Rose
라 메종 로즈

Ⓐ 2 Rue de l'Abreuvoir, 75018 / Lamarck - Caulaincour 역에서 도보 4분
Ⓗ 수~월 12:00~23:00, 화 휴무 Ⓜ Map → 7-D-2

몽마르뜨 분위기와 아주 잘 어울리는 핑크색의 소박한 시골 집. 그냥 예쁜 카페이려니 하며 지나치기 쉬운 이 집에는 르누아르, 툴르즈 로트렉, 드가 등 수많은 예술가들의 모델이자 연인이었던 쉬잔 발라동Suzanne Valadon이 살았다. 시간이 날 때면 모델 일을 했지만 그녀 본인도 그림을 그리는 화가였다. 날씨가 좋을 때에는 카페 앞에 놓인 테이블의 모습이 아기자기 하다. 내부에 들어가면 쉬잔 발라동의 사진이 곳곳에 걸려 있다.

Nearby.

언덕 꼭대기로 올라가기 전, 반대 방향 내리막길도 추천!

Au Lapin Agile 오 라팽 아질 (p.098)
카바레Cabaret라고 쓰여 있어 왠지 사교 댄스장이 아닐까 싶은 이 곳은 과거 예술가들의 갈증을 채워줬던 선술집. 무명 가수들은 노래를, 예술가들은 시를 읊고 예술을 논했던 곳으로 지금도 그 때 분위기 그대로 밤마다 영업 중이다.

Vigne du Clos Montmartre 포도밭
오 라팽 아질 바로 전, 파리에 마지막 남은 포도밭. 파리시에서 운영하며 이 곳에서 생산된 포도로 실제로 와인을 생산한다. 아쉽지만, 일반인들은 구입이 어렵고 경매에서 판매되며 수익금을 좋은데 쓰고 있다고.

6

Montmartre

Espace Dalí
달리 미술관

Ⓐ 11 Rue Poulbot, 75018 / Abbesses 역에서 7분
Ⓗ 매일 10:00~18:30 Ⓟ 입장료 €13, 8세 미만 무료
Ⓜ Map → 7-E-2

몽마르뜨에서 만나는 초현실주의 화가 달리. 1989년 세상을 떠난 그는 우리와 동시대를 살았던 조금은 더 친근한 화가. 스페인의 달리 미술관만큼의 규모는 아니지만 그의 독특한 정신 세계가 담긴 일상 용품부터 그림, 사진까지 300여 개의 작품이 전시되어 있다. 그의 대표작 중 하나인 <기억의 지속Profil du Temps>이라는 제목의 녹아 내린 시계가 바로 이곳에 있다.

Nearby.

Le Consulat 르 꽁쉴라 (p.075)
피카소, 반 고흐, 시슬리, 모네 등 몽마르뜨를 주 활동 무대로 삼았던 예술가들의 아지트였던 비스트로.

7 Place du Tertre
테르트르 광장

Montmartre

Ⓐ Place du Tertre, 75018 /
Abbesses 역에서 도보 6분
Ⓜ Map → 7-E-1

파리의 유일한 언덕, 130m 꼭대기에 위치한 이 광장은 여느 광장과 달리 초상화를 그려주는 화가들로 가득하다. 어린아이부터 나이 지긋한 노인들까지 멋진 초상화를 기대하며 최대한 움직임을 자제하고, 화가들은 열심히 관찰하며 빠른 손놀림으로 자신들의 솜씨를 뽐낸다. 세계적으로 유명한 화가들이 몽마르뜨에서 활동했던 당시에는 무명 화가에 불과했었다는 사실을 감안하면, 혹시 모른다. 지금 내 초상화를 그려주고 있는 이 화가들도 언젠가는….

Tip.

사크레쾨르 성당에서
아베쓰Abbesses 지하철역 가는 방법
사크레쾨르 성당에서 가장 가까운 지하철역은 아베쓰 역. 성당에서 계단을 내려와 오른편에 있는 푸니쿨라를 이용하거나, 바로 옆 계단을 내려가는 것이 가장 빠르게 가는 방법이다. 푸니쿨라를 이용할 경우, 지하철 티켓 한 장이 필요. 단 더운 여름에 관광객들이 가득 타면 땀냄새가 뒤섞여 오히려 곤욕스러울 수 있으니 계단을 내려가는 편이 나을 수도 있다.

소매치기 조심!
푸니쿨라의 출발점과 도착점은 관광객들이 정신을 잃고 가장 많이 소매치기를 당하는 곳. 푸니쿨라 옆 계단도 마찬가지다. 종이 판을 들이밀며 사인을 해달라고 한 후, 정신이 팔린 사이 주머니를 슬쩍하는 집시들, 혹은 손목에 실 팔찌를 채우며 돈을 요구하는 사기꾼들과는 말조차 섞지 말자.

8 La basilique du Sacré-Cœur de Montmartre
사크레쾨르 성당

Montmartre

Ⓐ 35 Rue du Chevalier de la Barre, 75018 /
Abbesses 역에서 도보 6분
Ⓜ Map → 7-E-1

몽마르뜨 꼭대기에 우뚝 서 있는 사크레쾨르 성당은 1871년 프로이센 전쟁에서 프랑스가 패한 후 가톨릭 교도의 사기를 북돋기 위해 지어졌다. 에펠탑보다 더 많은 방문객을 자랑하는 명소지만, 일부 파리지앵들은 100년이 조금 넘은 성당의 젊은 나이를 빗대며 역사 없는 성당이라고 비난하기도. 그럼에도 불구하고 반듯한 벽돌이 차곡차곡, 요염한 굴곡의 돔 지붕이 매력적인 몽마르뜨 언덕의 상징으로 자리잡았다. 성당에 은은한 조명이 들어오는 밤보다, 해 질 녘 붉은 노을이 새하얀 성당에 반사되는 찰나가 더 아름답다.

9 *Montmartre*

Mur des je t'aime
사랑해 벽

Ⓐ Square Jehan Rictus, Place des Abesses, 75018 / Abbesses 역에서 도보 1분
Ⓜ Map → 7-E-2

아베쓰 역에서 지하철을 타고 떠나기 전, 마지막으로 추천하는 몽마르뜨 스폿. 611개의 남색 타일에 250개의 언어로 311개의 '사랑해'라는 단어가 가득 적혀있다. '사랑해', '나 너 사랑해', '나는 당신을 사랑합니다'라는 한국어 세 문장을 찾아내고 나면 나도 모르게 지친 팔다리에 다시 힘이 생긴다.

Meal in Montmartre

하나, 아베스 역 근처 빵집 추천!
잠깐! 몽마르뜨에는 수상 경력이 화려한 제과점이 많다.

BREAD 1.

Pain Pain 빵 빵
2012년 최고 바게트 상을 받은 세바스띠앙 모비유의 제과점. 안에 테이블도 있어 바게트 샌드위치와 디저트를 하나 골라 간단한 한끼 식사를 할 수도 있다.
Ⓐ 88 Rue des Martyrs, 75018
Ⓗ 화~토 07:00~20:00, 일 07:00~19:30, 월 휴무 Ⓜ Map → 7-F-2

BREAD 2.

Patisserie Gilles Marchal
파티세리 질 마샬
질 마샬의 창의력이 돋보이는 마들렌은 꼭 먹어봐야 한다. 버터, 우유, 계란만 있으면 만들 수 있는 마들렌을 피스타치오, 산딸기, 초콜릿 등을 조합해 새롭게 탄생시켰다.
Ⓐ 9 Rue Ravignan, 75018
Ⓗ 화~토 08:00~20:00, 일 07:00~19:00, 월 휴무
Ⓜ Map → 7-E-2

BREAD 3.

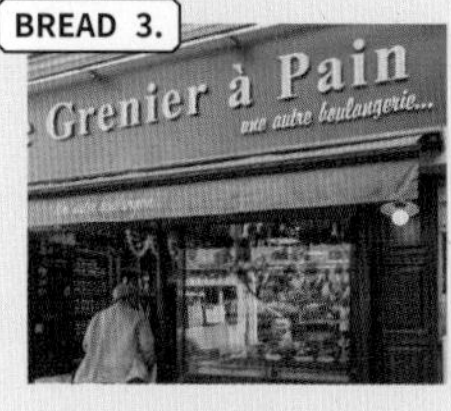

Le Grenier à Pain
르 그헤니에 아 빵
프랑스 최고 바게트 상을 2010년과 2015년에 각각 두 번이나 수상했다. 프랑스뿐 아니라 러시아, 두바이 일본 등 여러 곳에 체인점이 있지만 아직 한국에는 없다.
Ⓐ 38 Rue des Abbesses
Ⓗ 목~월 07:30~20:00, 화/수 휴무 Ⓜ Map → 7-E-2

둘, 피갈 역 근처 레스토랑 추천!
잠깐! 피갈 역 근처에는 현지인들이 가는 진정한 맛집들이 많다.

RESTAURANT 1.

Le Bon Bock 르 봉 복
몽마르뜨에서 가장 오래된 식당 중 하나. 좁은 식당 입구 위에는 19세기 가스등으로 쓰였던 램프가 그대로 매달려 있고, 내부 역시 19세기 초반의 느낌이 고스란히 묻어난다. 미슐랭이 소개하는 고급 식당이면서 점심 2코스를 14.5유로로 저렴하게 즐길 수 있다는 사실은 나만 알고 싶은 사실. 현지인들에게 더 유명해서 평일에는 점심보다 퇴근 후인 저녁이 더 붐빈다.
Ⓐ 2 Rue Dancourt, 75018 Ⓗ 매일 12:00~15:00/18:00~24:00 Ⓜ Map → 7-F-1

RESTAURANT 2.

Pink Mamma
핑크 마마 (p.088)
오픈하자마자 독특한 인테리어와 센스 넘치는 플레이팅 사진들이 인스타를 타고 삽시간에 퍼져 젊은 파리지앵의 핫플레이스로 등극했다. 신선한 재료와 맛으로 여전히 줄 서 먹는 맛집.

RESTAURANT 3.

Bouillon Pigalle
부이용 피갈 (p.086)
피갈 역 바로 앞, 이 곳 분위기에 맞지 않는 신선한 스타일의 외관과 센스 넘치는 위층 테라스가 트렌디해보여 비쌀 것 같지만, 사실은 이 동네에서 가장 저렴한 식당 중 하나다.

SPOTS TO GO : THEME

아무리 유명한 파리라지만 아직 알려지지 않은 장소와 그에 얽힌 재미난 이야기가
너무나 많다. 그래서 자꾸 가고 싶은지도.
책이나 인터넷에 소개되지 않은 숨은 스폿들을 찾아 보는 건 어떨까,
이미 가 본 명소도 이색적인 시각으로 파헤쳐보자.
처음 만난 파리에 반하고, 잘 안다고 자부했던 파리가 다시 보인다.

Pont de Bir-Hakeim 비르아켐 다리

ELLE EST BELLE!

Theme

Eiffel & Around

에펠탑 & 주변 : 아름다운 ‘그녀’, 파리에서 에펠탑 찾기

파리지앵들도 에펠탑을 좋아할까?
처음 에펠탑이 세워졌을 때, 흉물스러운 철조물이라고 비난했다는 건 옛날 이야기.
‘완전 좋아하지J'adore’ 혹은 ‘그녀는 아름다워Elle est Belle’, 현재를 살아가는
파리지앵들의 대답이다.

(프랑스어에서 남성명사 앞에는 Le가 여성명사 앞에는 La가 영어의 The처럼 붙는데,
에펠탑은 여성명사 La Tour Eiffel이다. 따라서 에펠탑을 이야기할 때 ‘그녀’라는 표현이 자주 쓰인다.)

파리를 살아가는 그들이 ‘그녀’를 바라보는 곳은 어디일까?
파리 구석구석 각자 다른 장소가 있겠지만, 에펠탑 주변에서 그 답의 일부를 찾을 수 있다.
에펠탑에 정신이 팔려 미처 발견하지 못한 스폿들, 그리고 그 곳에서 훔쳐보듯 바라보는 에펠탑은 그 동안 봐왔던 모습보다 훨씬 더 매력적이다.

Ⓐ Champ de Mars, 5 Avenue Anatole France, 75007 Ⓜ Map → 8-C-2

Cafe & Restaurant Spots :
미각과 시각 둘 다 만족시키는
스마트한 방법

Seine River Spots :
에펠탑의 아름다움보다 더 강렬한
센느강의 낭만

Picnic Spots :
한적한 피크닉을 즐길 수 있는 곳,
그리고 우연히 보이는 에펠탑

PLUS INFO

Tip. 내 취향에 맞는 센느강 유람선은?

낭만과 관광을 모두 즐길 수 있는 센느강 유람선은 파리의 인기 코스 중 하나. 각양각색의 회사들을 꼼꼼히 비교해 보고, 내 여행 콘셉트에 꼭 맞는 유람선을 고르는 것이 중요하다.

*우천 시, 유람선 운행이 예고 없이 취소될 수 있으며, 환불은 불가하다.

Bateaux-Mouches 바토 무슈

가장 오래된 역사와 저렴한 가격이 장점. 운행 빈도수도 가장 잦아 예약 없이 탑승이 수월하다. 12개 국어 안내방송 중 한국어도 있어 좋다. 홈페이지 예약을 통해서만 가능한 런치(€69~)와 디너(€79~) 크루즈도 있다.

Ⓐ Port de la Conférence, 75008 Paris (에펠탑 근처) / Alma-Marceau 역에서 도보 5분 Ⓟ 어른/12세 미만/4세 미만, €14/€6/무료 Ⓗ 4~9월 10:00~23:30, 30분마다 운행 / 10~3월 11:00~21:20, 40분마다 운행, 소요시간: 1시간 10분
Ⓤ www.bateaux-mouches.fr

Bateaux-Parisiens 바토 파리지앵

쉴 새 없이 흘러나오는 안내방송 대신 개별 오디오로 한국어를 선택해 들을 수 있다(에펠탑 출발 시에만 지급). 특히 디너(€89~) 크루즈는 분위기 면에서 바토 무슈보다 훨씬 낫다는 평이 많아 커플들에게 추천.

Ⓐ Port de la Bourdonnais, 75007 Paris (에펠탑 근처) / Bir-Hakeim 역에서 도보 11분 Quai de Montebello, 75005 Paris (노트르담 근처) / Saint-Michel Notre-Dame 역에서 도보 5분 Ⓟ 어른/12세 미만/4세 미만, €15/€7/무료 Ⓗ 4~9월 10:00~22:30, 30분마다 운행 / 10~3월 10:30~22:00, 1시간마다 운행, 소요시간: 1시간
Ⓤ www.bateauxparisiens.com

Vedettes de Paris 브데뜨 드 파리

오디오 가이드는 세 가지 언어(영어/불어/스페인어)만 선택이 가능하고 한국어는 안내문으로 지급. 출발 지점으로 돌아오는 왕복 편만 운행하는 다른 유람선과 달리 에펠탑<->노트르담 성당 편도 노선이 있다. (€15/30분)

Ⓐ Port de la Suffren, 75007 Paris (에펠탑 근처) / Bir-Hakeim 역에서 도보 8분 Voie Georges Pompidou 75004 Paris (노트르담 근처) / Pont Marie 역에서 도보 4분 Ⓟ 어른/12세 미만/4세 미만, €19/€10/무료 Ⓗ 4~9월 10:30~22:30, 30분마다 운행 / 10~3월 홈페이지 참조, 소요시간: 1시간 Ⓤ www.vedettesdeparis.fr

Vedettes du Pont neuf 브데뜨 뒤 퐁 네프

홈페이지를 통해 프랑스식 햄과 치즈를 안주 삼아 와인을 즐길 수 있는 크루즈(La Guinguette Parisienne gourmande €35.5~)를 예약할 수 있다. 모든 야간 출발은 에펠탑 조명 쇼를 볼 수 있도록 짜여있는 것도 장점(시간은 홈페이지 참조). 안내방송은 영어와 프랑스어만 가능하다.

Ⓐ Square du Vert Galant 75001 Paris (퐁 네프 다리 근처) / Pont Neuf 역에서 도보 4분 Ⓟ 어른/12세 미만/4세 미만, €14/€7/무료 Ⓗ 10:30~22:30, 30~45분마다 운행, 소요시간: 1시간 Ⓤ www.vedettesdupontneuf.com

Street Spots :
파리지앵들이 무심하게
다니는 거리의 비밀

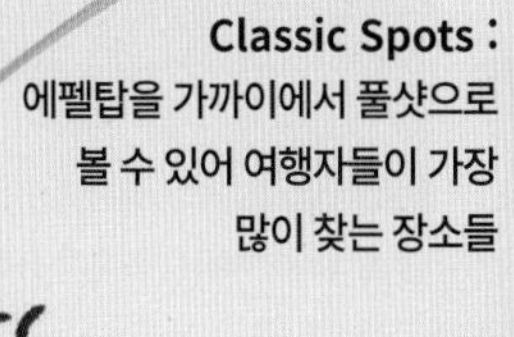

PLUS INFO

숫자로 다시 보는 에펠탑

- 1889년 3월 31일 지어진 에펠탑
- 41년 동안 세계에서 가장 높은 건축물이었다.
- 높이는 324m, 무게는 1만100t
- 꼭대기까지 올라가는 계단 수는 1,665개
- 추울 때에는 높이가 6인치 수축된다고
- 2017년까지 3억 방문객 달성
- 현재 매년 방문객 수는 700만 명
- 7년마다 도색 작업, 한 번에 60t의 페인트 필요
- 야간 정각 조명쇼에 사용되는 전구 수는 2만 개

Classic Spots :
에펠탑을 가까이에서 풀샷으로
볼 수 있어 여행자들이 가장
많이 찾는 장소들

Street Spots

Avenue New York 뉴욕 가

에펠탑 중앙에 난 예나 다리Pont d'Iéna를 건너면 바로 있는 도로. 에펠탑 앞보다 에펠탑이 더 잘 보인다. 러시아워 때는 파리 외곽에서 파리로 출퇴근 하는 차들이 빽빽하게 막혀 있다. Ⓐ Avenue New York, 75016 Ⓜ Map → 8-C-3

Rue de l'Université 유니벡시떼 가

샹드막스 공원에서부터 이 거리를 따라 걸으면 앵발리드를 지나 생 제르망 지역까지 부촌을 가로지르며 산책할 수 있다. 유니벡시떼 가와 부흐도네 가가 교차하는 지점은 우연이 아니고서는 발견하기 힘든 보물 같은 '에펠 뷰' 스폿.

Ⓐ Rue de l'Université (Avenue de la Bourdonnais 부흐도네 가와의 교차점), 75007
Ⓜ Map → 8-C-2

Rue Suffren 쉬프헝 가

에펠탑에서 쉬프헝 가를 지나 남쪽으로 가면 주거 지역이 나온다. 관광객과 섞여 동네 사람들도 지나다니는 거리. 에펠탑이 흘깃 보이는 포인트 맞은 편엔 에펠탑을 배경으로 칵테일 한 잔 할 수 있는 풀만Pullman 호텔 테라스 바가 있다.

Ⓐ Rue Suffren(Pullman 호텔 건너편 스폿), 75016 Ⓜ Map → 8-D-2

L'avenue de Camoëns 까모엔 가

에펠탑 근처의 한 부촌에 위치한 작은 거리. 모르는 사람은 찾아낼 수 없는 그야말로 숨은 장소다. 샤이요궁에서 보는 것만큼이나 에펠탑이 눈높이에 보이면서, 관광객들로 붐비지 않은 한적함까지 겸비했다.

Ⓐ L'avenue de Camoëns, 75016 Ⓜ Map → 8-C-3

Classic Spots

Palais de Chaillot 샤이요궁

높은 언덕 위에 위치한 덕분에 에펠탑을 눈높이에서 볼 수 있어 인기. 단체 관광객부터 기념품 장사꾼까지 정신 없는 것만 빼고는 에펠탑을 가장 적나라하게 볼 수 있는 최적의 장소.

Ⓐ 1 Place du Trocadéro, 75016 / Trocadéro 역에서 도보 2분
Ⓜ Map → 8-C-3

Champs de Mars 샹드막스 공원

에펠탑을 배경으로 피크닉을 하고 싶을 때 가장 많이 찾는 곳이다. 사람들이 하도 많이 앉아 듬성듬성한 잔디와 버려진 쓰레기들이 아쉽지만 사진에는 마냥 예쁜 곳으로만 나온다.

Ⓐ 2 Allée Adrienne Lecouvreur, 75007 / École Militaire 역에서 도보 10분 Ⓜ Map → 8-C-2

Mur pour la Paix 평화의 벽

평화를 기원하기 위해 만들어진 유리 벽으로, 49개의 언어로 '평화'라는 단어가 적혀있다. 한국어로 크게 적혀진 '평화'라는 단어 뒤로 에펠탑이 한 눈에 보이는 인상적인 장소.

Ⓐ Rue du Champ de Mars, 75007 / École Militaire 역에서 도보 5분 Ⓜ Map → 8-D-2

Seine River Spots

Pont de Bir-Hakeim 비르아켐 다리

센느강을 배경으로 에펠탑이 멋지게 보여 영화에도 자주 출연했다. 밤이 되면 파리에서 흔치 않은 '백열등'이 켜지는 것도 매력. 어둠을 달리던 지하철이 비르아켐 다리 위로, 이때 창 밖으로 에펠탑이 보이는 것이 지하철 6호선의 하이라이트.

Ⓐ Pont de Bir-Hakeim, 75015
Ⓜ Map → 8-C-3

Pont de Mirabeau 미라보 다리

미라보라는 이름은 18세기 프랑스 작가 Honoré-Gabriel Riquetti de Mirabeau에서 따온 것. 에펠탑과 자유의 여신상을 한 번에 볼 수 있는 것이 포인트. 다리는 독특한 녹색빛을 띄고 있고, 역사적 기념물이기도 하다.

Ⓐ Pont de Mirabeau, 75015
Ⓜ Map → 8-E-4

Passerelle Debilly 드비이 육교

1900년도 만국 박람회를 위해 지어졌다. 폐막 후 없애려고 했다는 점에서 에펠탑과 사연이 같다. 예술의 다리Pont des arts와 함께 나무 바닥으로 된 보행자 전용 다리. 자물쇠를 모두 수거한 예술의 다리와 달리 자물쇠가 군데군데 채워져 있어 더 낭만적이다.

Ⓐ Passerelle Debilly, 75007
Ⓜ Map → 8-C-2

Picnic Spots

Île aux Cygnes 시뉴섬

'백조들의 섬'이라는 뜻의 인공섬. 비르아켐 다리 중간쯤에 섬으로 연결되는 계단이 있는데, 이 계단이 눈에 잘 띄지 않는 덕에 한적하다. 센느강을 바라보고 있는 벤치에 앉으면 옆으로 넌지시 보이는 에펠탑. 섬 끝에는 '자유의 여신상'이 서있다.

Ⓐ Île aux Cygnes, 75016 / Bir-Hakeim 역에서 도보 4분 Ⓜ Map → 8-D-3

Parc de Passy 파씨 공원

부촌 아파트로 둘러싸인 공원이자 놀이터라 동네 아이들이 공놀이 하러 오는 곳. 파리의 동네 공원 중에서도 특히 예쁜 공원이다. 에펠탑이 얄궂게 꼭대기 부분만 보이는 게 아쉽다면 공원 바로 앞 도로에서 풀샷을 볼 수 있다.

Ⓐ 32 Avenue du Président Kennedy, 75016 / Passy 역에서 도보 4분 Ⓜ Map → 8-C-3

Maison de Balzac 발자크의 집 (p.067)

프랑스의 소설가이자 희극작가인 발자크가 살았던 집. 그가 살던 1840년대의 모습 그대로의 집과 정원이 매력. 그가 살아있던 시절에 에펠탑은 존재하지 않았다. 우연하게도 그의 집 정원이 훗날 에펠탑이 멋지게 보이는 전망 좋은 집이 되었다.

Ⓐ 47 Rue Raynouard, 75016 / La Muette 역에서 도보 9분 Ⓗ 화~일 10:00~18:00, 월 휴무 Ⓜ Map → 8-D-3

Cafe & Restaurant Spots

PLUS INFO

'팔레 드 도쿄', 직역하면 '도쿄궁'이라는 뜻이다. 1937년 만국 박람회가 열렸을 때 현대 예술&기술 전시관으로 지어졌는데, 당시 이 전시관 앞 도로 이름 Avenue Tokyo에서 유래했다. 현재는 Avenue New York으로 바뀌었지만 건물명은 그대로 남겨뒀다. 보통 박물관과 달리 정오부터 자정까지 문을 연다. 저녁 식사 후에 갈 수 있는 유일한 전시관. 전시 일정은 홈페이지(palaisdetokyo.com/)에서 영어로도 확인할 수 있다.

Palais de Tokyo 팔레 드 도쿄

기발한 예술 작품을 볼 수 있는 '시립 현대 예술 전시관'. 상시적으로 전시회가 바뀌기 때문에 파리 현지인들이나 파리에 여러 번 오는 사람들이 즐겨 찾는 곳. 건물 중앙에 동절기를 제외하고는 노천 카페가 형성되어 에펠탑을 자연스럽게 즐길 수 있다.

Ⓐ 13 Avenue du Président Wilson, 75116 / Iéna 역에서 도보 3분 Ⓗ 수~월 12:00~24:00, 화 휴무 Ⓟ 성인 €12, 18세 이하 무료 Ⓜ Map → 8-B-2

Café de L'homme 카페 들 롬

샤이요궁 한 쪽에 위치한 인류 박물관 Musée de l'Homme 안에 있다. 이 카페의 존재도, 박물관 입장료를 내지 않고 카페에 들어올 수 있다는 사실도 유명하지 않은 정보. 차 한 잔은 10유로 안팎. 웬만한 에펠탑 뷰 레스토랑에 비해 부담이 적은 곳.

Ⓐ 17 Place du Trocadéro et du 11 Novembre, 75116 / Trocadéro 역에서 도보 2분 Ⓗ 매일 12:00~02:00 Ⓜ Map → 8-C-3

Les Ombres 레 종브르

이 곳의 뷰는 정말 특별하다. 3코스 메뉴가 110유로이며, 점심 특선 3코스 메뉴는 48유로, 귀한 자릿세를 낸다고 생각하면 아깝지 않다. 에펠탑 바로 옆 캐 브랑리 박물관Musée du quai Branly 옥상에 자리하고 있다.

Ⓐ 27 Quai Branly, 75007 / Alma-Marceau 역에서 도보 9분 Ⓗ 매일 12:00~14:15/19:00~22:15 Ⓜ Map → 8-C-2

WHERE HAVE YOU BEEN?

Theme

Museums

파리 박물관 어디까지 가봤니?

예술의 도시 파리에서 박물관은 절대 빼놓을 수 없는 필수 코스다.
세계적인 명성과 역사를 운운하지 않더라도 장엄하고 지적인 이미지의 건축물 그 자체만으로도 감탄이 절로.
미술 교과서에서 한 번쯤 봤음직한 작품이 코 앞에 나타날 때면 심장이 곤두박질 칠지도 모른다.

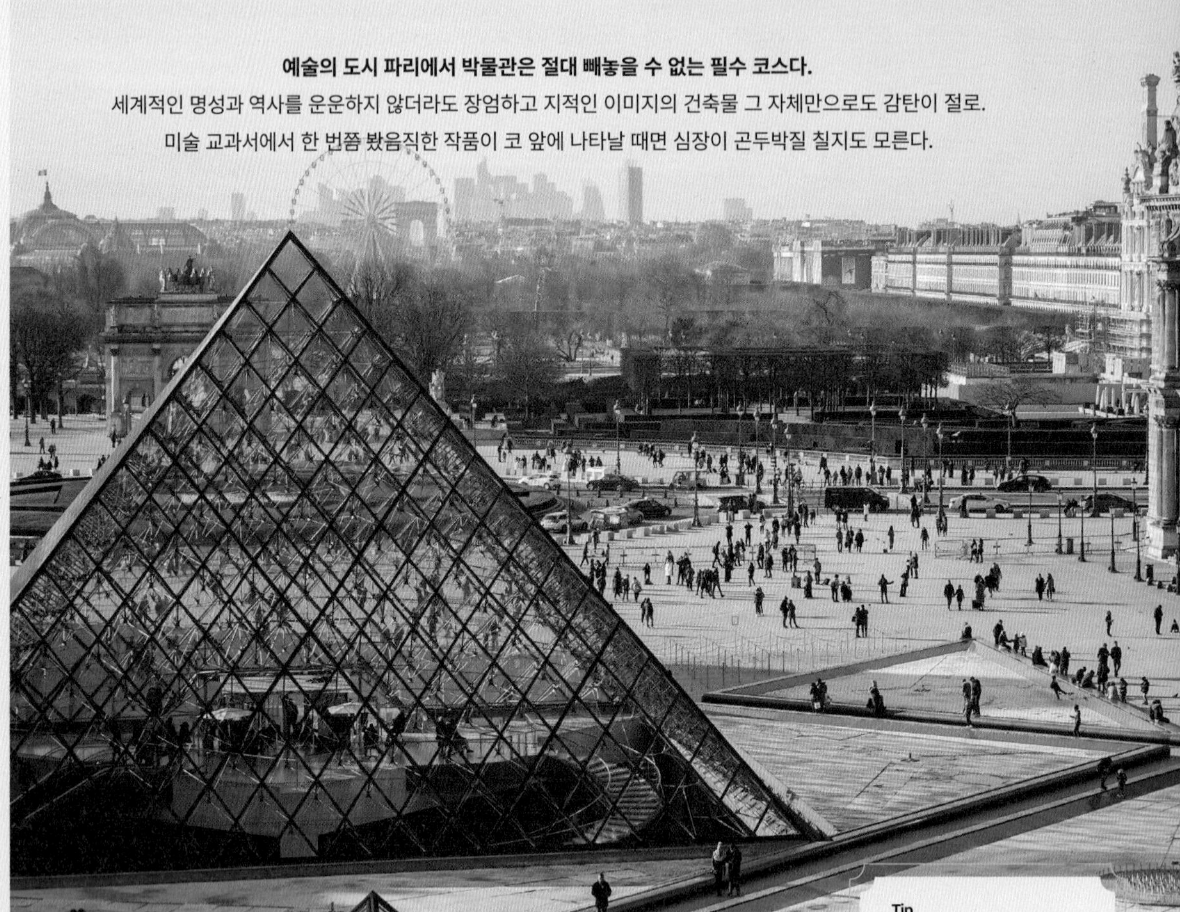

Musée du Louvre 루브르 박물관

Q. 뮤지엄패스 꼭 사야 할까?

A. 뮤지엄 패스를 소지하면, 정해진 기간 내에 파리와 파리 근교의 50곳이 넘는 박물관에 입장이 가능하며, 티켓을 구매하기 위한 줄을 서도 되지 않아 시간도 절감된다.
2/4/6 일권 패스의 가격은 각각 52/66/78유로. 박물관의 입장료는 베르사유 궁전(€18), 루브르 박물관(€15)을 제외하고 대략 €12-14. 박물관 뿐 아니라 개선문 전망대(€13) 에서도 사용할 수 있다. (참고로, 에펠탑은 포함 안됨).
오디오 가이드 대여비와 특별전시회 티켓은 별도 구매해야 한다는 점 유의하자.
파리 공항 및 박물관이 아니더라도 한국의 다양한 인터넷 여행 플랫폼에서 판매되고 있으니, 여행 전 미리 수령하는 것을 추천한다.

Q. 뮤지엄패스 구입 후 유효기간은?

A. 첫 방문 시점부터 48/72/96시간으로 계산이 된다. 각각의 박물관은 1회 입장만 허용.

Tip.

1. 1월1일, 5월 1일, 12월 25일은 대부분의 박물관 휴무일이다.
2. 대부분의 박물관 내부에서는 플래쉬를 사용하지 않는 한 사진 촬영이 가능하다.
3. 오디오 가이드 대여 시 신분증이 필요하니, 여권 등의 국제 신분증 원본을 소지하자.
4. 커다란 가방이나 백팩은 의류/소지품 보관소에 맡겨야 할 수도 있다.

THEME 1

파리에 왔다면,
인기 박물관

Musée du Louvre
루브르 박물관

파리의 심장이라 불리우는 루브르, 'ㄷ'자 형태의 근엄한 건축물은 투명한 유리 피라미드를 마치 보석인양 품고 있다. 파리 안의 또 다른 도시라고 해도 될 정도로 넓은 내부에는 층 간의 구분이 가히 불규칙적이고, 요염한 굴곡의 계단들이 여기저기. <모나리자>와 <말로의 비너스>, <민중을 끄는 자유의 여신> 등의 걸작들을 찾아 헤매는 그 길은 미로 찾기만큼 복잡하다. 12세기에는 바이킹 방어를 위한 요새로, 16세기에는 왕궁으로, 17세기에는 왕실 소장품 전시 공간으로, 그리고 1793년부터 현재까지는 박물관으로. 프랑스 역사의 산증인으로서 숨가쁜 변화를 거듭해 온 루브르의 강렬한 기운은 직접 가 본 자 만이 느낄 수 있다.

Don't Miss

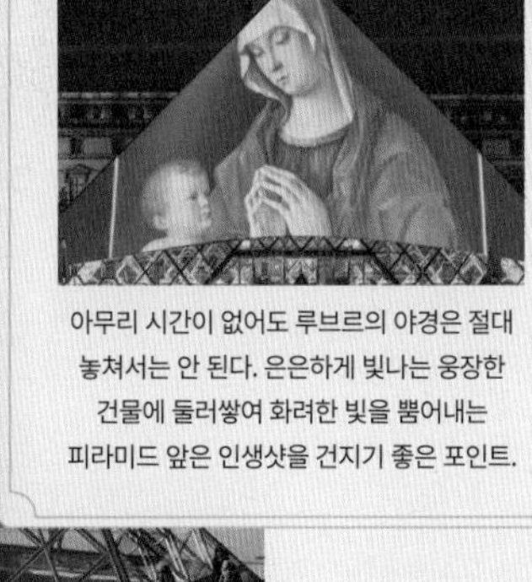

아무리 시간이 없어도 루브르의 야경은 절대 놓쳐서는 안 된다. 은은하게 빛나는 웅장한 건물에 둘러쌓여 화려한 빛을 뿜어내는 피라미드 앞은 인생샷을 건지기 좋은 포인트.

Musée du Louvre

Tip.

규모가 커서 길을 잃기도 쉽지만, 난해한 유물들과 설명이 필요한 종교화가 많아 여행사를 통한 가이드 투어나 오디오 가이드 대여 (€5)를 적극 추천한다.

Ⓐ Rue de Rivoli, 75001 / Palais Royal Musée du Louvre 역에서 도보 2분
Ⓗ 월/목/토/일 09:00~18:00, 수/금 야간 개장 09:00~22:00, 화 휴무
Ⓟ 일반 €15 (온라인 예매시 €17), 만18세 미만 무료, 뮤지엄패스 가능.
Ⓜ Map → 5-C-3

Musée d'Orsay

Musée d'Orsay
오르세 미술관

짧은 일정이지만, 그래도 박물관을 딱 한 곳 가고 싶다면 오르세를 추천한다. 파리에 살면서 가장 자주 찾게 되는 곳이기도 하다. 아낌없이 물감을 사용하며 강한 붓 터치를 남긴 예쁜 색감의 그림들은 그 뒷이야기를 몰라도 가만히 보고 있으면 저절로 힐링이 된다. 빈센트 반 고흐, 끌로드 모네, 폴 고갱, 에드가 드가 등 몽마르뜨를 사랑했던 19세기 중반부터 20세기 초반 화가들의 작품들을 모아놓은 곳. 밀레의 <만종>과 고흐의 <자화상>을 발견한다면 그 어떤 설명 없이도 강한 전율이 느껴질지도. 미술관 밖과 안 모두에서 보이는 대형 시계와 둥근 천장은 1900년도 파리 만국 박람회 때 기차역으로 쓰였던 때의 모습을 상상케 한다.

Ⓐ 1 Rue de la Légion d'Honneur, 75007 / Solférino 역에서 도보 3분 Ⓗ 화/수/금~일 09:30~18:00, 목 야간 개장 09:00~21:45, 월 휴무
Ⓟ 일반 €14 (온라인 예매시 €16), 18세 미만 무료, 뮤지엄패스 가능, 매달 첫째 주 일요일 무료, 목 야간 개장 09:30~21:45 (€10)
Ⓜ Map → 5-D-4

Tip.

미술관 2층에 있는 르 레스토랑Le Restaurant은 화려하고 고풍스러운 분위기가 매력적이다. 음식이 대단히 훌륭하지는 않지만 분위기와 가격 대비 괜찮은 편. 디저트와 고급 차는 칭찬해줄 만하다. 문 여는 시간은 11시 45분, 15분 전에 미리 와서 줄을 서는 것이 좋다. (점심 2코스/3코스 €22/€26)

Musée de l'Orangerie

Tip.

하루에 루브르와 오르세를 함께 보는 강행군보다는, 루브르+오랑쥬리 혹은 오르세+오랑쥬리로 묶는 것이 조금 더 여유롭다. 오르세+오랑쥬리로 관람할 경우, 둘 중 한 곳에서 통합 티켓(€18)을 구입할 수 있다.

Musée de l'Orangerie
오랑쥬리 미술관

과거 루브르 궁전의 오렌지 나무를 보호하는 온실로 사용되어 이를 뜻하는 오랑쥬리라는 이름이 지어졌다. 유럽 전체가 아닌 프랑스 근대 회화를 주로 전시하는 미술관. 하지만 대부분 방문객들의 목적은 클로드 모네Claude Monet의 대작으로 꼽히는 <수련Les Nymphéas>을 보기 위함일 것이다. 원형의 벽면에 걸린 짧게는 6m, 길게는 12m의 파노라마 캔버스에서 느껴지는 감동을 어떻게 표현해야 할지. 파리 근교 마을, 지베르니(p.133)에서 모네의 정원에 있는 연못을 보고 온 터라면 그 감동이 배로 느껴진다.

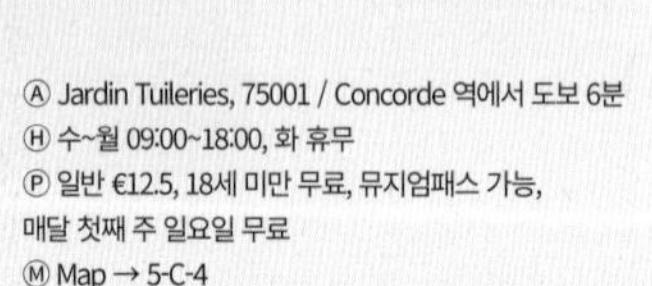

Ⓐ Jardin Tuileries, 75001 / Concorde 역에서 도보 6분
Ⓗ 수~월 09:00~18:00, 화 휴무
Ⓟ 일반 €12.5, 18세 미만 무료, 뮤지엄패스 가능, 매달 첫째 주 일요일 무료
Ⓜ Map → 5-C-4

Centre National d'Art et de Culture Georges-Pompidou
퐁피두 현대 미술관

루브르 박물관(기원전 4천년~19세기 중반)과 오르세 미술관(19세기 중반~20세기 초반)을 모두 봤다면 그 다음으로는 20세기 초반 이후의 현대 미술을 볼 수 있는 퐁피두를 방문할 차례. 피카소, 샤갈, 마티스, 달리 등의 작품들이 4,5층의 국립 현대 미술관에 전시 되어 있다. 뿐만 아니라, 정기적으로 한 예술가를 집중적으로 다루는 특별 전시회가 열리고 있어 프랑스 및 전 세계 예술가들이 가장 많이 찾는 곳. 건물 밖에서는 보이지 말아야 할 배수관 및 전기 배선 파이프, 에스컬레이터와 계단이 적나라하게 드러나 있어 밖에서 보면 마치 헐벗은 건축물을 보는 듯 파격적이다.

Centre National d'Art et de Culture Georges-Pompidou

Tip.

투명한 유리로 덮인 에스컬레이터를 타고 높이 올라갈수록 더 멀리 보이는 뷰가 기가 막히다. 6층 꼭대기의 르 조흐쥬(p.093)는 와인 혹은 칵테일 한 잔하며 파리를 감상하기 좋은 전망 포인트.

Ⓐ Place Georges-Pompidou, 75004 / Rambuteau 역에서 도보 4분
Ⓗ 금~수 11:00~21:00, 목 11:00~23:00
Ⓟ 일반 €14, 18~25세 €11, 18세 미만 무료, 뮤지엄패스 가능, 매달 첫째 주 일요일 무료
Ⓜ Map → 6-A-3

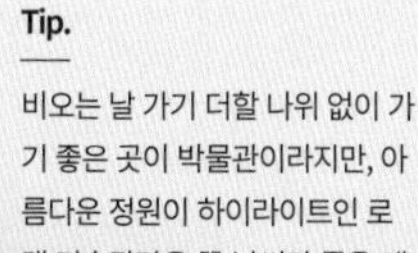

Tip.

비오는 날 가기 더할 나위 없이 가기 좋은 곳이 박물관이라지만, 아름다운 정원이 하이라이트인 로댕 미술관만은 꼭 날씨가 좋을 때 방문하길 바란다.

Ⓐ 77 Rue de Varenne, 75007 / Varenne 역에서 도보 2분
Ⓗ 화~일 10:00~17:45, 월 휴무
Ⓟ 일반 €13, 18세 미만 무료, 뮤지엄패스 가능, 10~3월 첫째 주 일요일 무료
Ⓜ Map → 8-D-1

Musée Rodin
로댕 미술관

로댕의 대표작인 <생각하는 사람>과 <지옥의 문>, <세 망령들>을 직접 볼 수 있다. 드로잉으로 미술을 시작했지만 결국 로댕은 조각에 더 재능이 많았다. 그가 만든 실제 크기의 누드 조각은 가만히 보고 있으면 진짜 같아 나도 모르게 민망함이 몰려올 정도. 정원의 호숫가에는 그가 만든 빅토르 위고 조각상이, 전시실에는 그가 문인협회로부터 의뢰를 받아 만든 발자크의 흉상이 시리즈로 전시되어 있다. 한적하게 로댕의 조각들 사이를 거닐다가 차 한잔에 예쁜 디저트를 먹을 수 있는 카페가 있는 정원의 아름다움은 파리에서 손꼽힐 정도. 시간이 촉박하다면, 정원을 먼저 볼 것을 추천한다.

Musée Rodin

Musée Yves Saint Laurent
이브 생 로랑 박물관

고급 사무실들이 많은 16구에 위치한 이곳은 30년 동안 이브 생 로랑이 디자인을 했던 장소이기도 하다. 2008년 그가 세상을 떠나고, 약 10년 후 박물관이 오픈했을 때 마치 그가 살아 돌아온 것처럼 파리가 떠들썩했다. 이브 생 로랑이 손님을 맞이하고, 패션쇼를 열기도 했던 살롱에 들어서면 가슴이 두근두근. 당장 입어도 될 만큼 실용성을 강조한 드레스가 가득. 볕이 잘 드는 작업실의 책상에는 디자인 스케치와 연필, 의상 부속품들이 흐트러져 있어 마치 그가 잠시 작업실을 비운 것 같은 여운이 느껴진다.

Ⓐ 5 Avenue Marceau, 75116 / Alma-Marceau 역에서 도보 1분
Ⓗ 화~목/토/일 11:00~18:00, 금 11:00~21:00, 월 휴무 Ⓟ 일반 €10, 10~18세 €7, 10세 미만 무료, 뮤지엄패스 불가 Ⓜ Map → 8-B-2

Musée du Parfum Fragonard
프라고나르 향수 박물관

훌륭한 퀄리티에 종류도 다양하고 가격도 저렴해서 파리지앵들이 애장하는 향수 브랜드, 프라고나르. 프랑스 향수의 본고장인 그라스에만 있던 박물관이 파리에도 생겼다. 프랑스 향수의 역사부터 향수를 고르는 팁과 뿌리는 방법까지, 약 45분 동안 알차게 배우는 향수 이야기. 루이 14세가 1년에 목욕을 몇 번 했는지 그 정답과 이유가 궁금하다면, 향수 박물관으로 고고! 투어 마지막에 이어지는 숍에는 향수(€19)와 비누(€5) 등 마구마구 담아가고 싶은 가성비 최고 아이템들이 가득! 포장이 화사해 선물용으로도 좋다.

Ⓐ 9 Rue Scribe, 75009 / Opéra 역에서 도보 1분
Ⓗ 월~토 09:00~18:00, 일 휴무, 무료 가이드 투어 (영어/프랑스어) Ⓜ Map → 5-B-4

Fondation Louis Vuitton
루이뷔통 재단 미술관

파리 서쪽 끝 불로뉴 숲 속, 루이뷔통 로고가 번쩍이는 현대 건축물이 들어선 때는 2014년 10월. 오픈 초기 2시간을 줄 서 들어갔을 정도로 현지인들의 관심이 뜨거웠다. 어느 각도에서 보느냐에 따라 모양이 달라지는 건축물은 입장하기 전부터 카메라 셔터를 누르게 만든다. 총 11개의 갤러리 중 미술관 외관을 디자인한 프랭크 게리Frank Gehry 전시관 외에는 모두 특별 전시만 열린다. 홈페이지 확인 필수.

Plus info.

Jardin d'Acclimatation
아끌리마따씨옹 놀이공원

미술관 입구 맞은편의 출구로 나가면 바로 이어지는 아끌리마따시옹 놀이공원은 전 연령대의 아이들을 위한 다양한 놀이기구가 있어 주로 아이가 있는 현지인 가족들에게 인기가 좋다. 미술관 티켓이 있으면 공원 입장료(€5)는 무료. 호수에서는 작은 보트를 대여해서 탈 수 있다. Ⓜ Map → 8-A-4

Ⓐ 8 Avenue du Mahatma Gandhi, 75116 / Les Sablons 역에서 도보 12분, Charles de Gaulle Étoile 역 2번 출구에서 10분에 한 대씩 셔틀 운행 (€1, 홈페이지 예약 필수)
Ⓗ 월/수/목 12:00~19:00, 금 12:00~21:00, 토/일 12:00~20:00, 화 휴무
Ⓟ 일반 €16, 18~25세 €10, 18세 미만 €5, 뮤지엄패스 불가
Ⓤ www.fondationlouisvuitton.fr/ Ⓜ Map → 8-A-4

Maison de Victor Hugo 빅토르 위고의 집

1832년 빅토르 위고가 가족과 함께 16년을 살던 집은 그의 탄생 100주년을 맞아 박물관으로 개조되었다. 이 곳에 거주하며 쓴 작품만 100편 이상, <레미제라블>의 대부분도 여기서 완성되었다. 주로 서서 글을 썼다는 그의 책상은 가슴 높이. 그가 수집한 중국 자기들, 직접 주문 제작한 가구들이 인상적이다. 맨 마지막 방은 그가 임종을 맞이 했던 집에서 가구를 그대로 옮겨왔다. 그의 유품 외에도 19세기 부르주아의 삶을 엿 볼 수 있는 좋은 기회. 마레 지구를 여행할 때 잠시 들르기 좋다.

Ⓐ 6 Place des Vosges, 75004 / Chemin vert 역에서 도보 6분
Ⓗ 화~일 10:00~18:00, 월 휴무 Ⓟ 무료 Ⓜ Map → 6-C-4

Musée de la Vie romantique 낭만주의 미술관

네덜란드계 프랑스인 낭만파 화가, 아리 셰퍼 (Ary Scheffer 1795-1858)의 파리 거처. 당시 매주 금요일마다 쇼팽, 조르주 상드, 들라크루아, 로시니 등 당대의 대표적인 예술인, 화가들과 모임을 갖았던 곳이기도 하다. 파스텔 색감의 아담한 2층 집 안에는 아리 셰퍼의 그림과 함께 조르주 상드의 가구와 유품이 마치 낭만 소설의 배경처럼 잔잔한 느낌을 준다. 쇼팽의 왼손을 뜬 석고상은 독특한 전시품. 고풍스러운 벽지와 계단, 창 밖의 평화로운 정원 까페 <로즈 베이커리>가 분위기를 더한다. 박물관에 관심이 없는 사람도 반할 만한 곳.

Ⓐ 16, rue Chaptal,75009 / Pigalle역에서 도보 5분 Ⓗ 화~일 10:00~18:00, 월 휴무 Ⓟ 무료 Ⓜ Map → 5-A-3

Musée Gustave-Moreau 귀스타브 모로 박물관

귀스타브 모로가 부모님과 함께 살던 집을 박물관으로 전환했다. 조금 낯선 이름일 수 있는데 신화에 바탕을 둔 몽환적인 그림을 주로 그린 프랑스의 대표적인 상징주의 화가. 3층 저택을 가득 채우고 있는 2,500점의 작품 중 1,500점이 그 자신의 작품이다. 그의 살롱 데뷔작인 <피에타>와 대표작 중 하나인 <헤롯 앞에서 춤추는 살로메>를 찾아보자. 평생을 그림에만 몰두했던 그가 쓰던 팔레뜨는 너무나 평범해서 신기하다.

Ⓐ 14 Rue de la Rochefoucauld, 75009 / Saint-Georges 역에서 도보 4분 Ⓗ 수~월: 10:00~18:00, 화 휴무
Ⓟ 일반 €7, 18세 미만 무료, 뮤지엄패스 가능, 매달 첫째 주 일요일 무료. Ⓜ Map → 5-A-3

Maison de Balzac 발자크의 집

프랑스 사실주의 문학의 거장으로 꼽히는 오노레 드 발자크Honoré de Balzac. 그는 출판업, 인쇄업, 평론가 등 수많은 실패를 거듭하며 빚 독촉에 시달렸다. 그래도 유일하게 돈을 벌 수 있었던 건 글쓰기. 하루 40여 잔의 커피로 버티며 강도 높은 글쓰기로 빚을 갚아 나가야 했던 생계형 작가. 그가 죽기 전까지 7년간 살던 집은 그의 삶을 엿 볼 수 있는 박물관으로 개조되었다. 부유했던 다른 예술가들의 집에 비하면 남루한데다, 고이 전시된 것이 고작 커피포트라는 사실이 왜 이리 울컥한지.

Ⓐ 47 Rue Raynouard, 75016 / La Muette 역에서 도보 9분 Ⓗ 화~일 10:00~18:00, 월 휴무 Ⓟ 무료 (간혹 특별 전시회가 열릴 시 유료) Ⓜ Map → 8-D-3

Classic in Paris

파리, 클래식에 반하다

필하모니 드 파리에서 하프 연주회를 감상하기 전까지만 해도 클래식 음악이라 하면, 잘은 몰라도 내 취향은 아니라고 생각했다. 그 '첫 경험'을 시작으로 오페라 가르니에로 발레를 보러, 12세기 성당으로 쇼팽 연주를 들으러 찾아 다녔다. 아직까지 클래식 음악에 대해 잘은 몰라도, 기품 있는 건축물 안에 울려 퍼지는 악기 소리는 마음에 힘을 실어 주고 그 여운은 생각보다 오래간다.

Opéra Garnier 오페라 가르니에 *Opera*

무명 건축가, 35세의 젊은 샤를 가르니에가 이렇게 웅장하고 아름다운 오페라를 지으리라고는 아무도 상상하지 못했다. 1875년 완공된 오페라 가르니에의 공식 명칭은 '음악 국립 아카데미-오페라 극장Académie Nationale de Musique-Théâtre de l'Opéra'. 오페라 단은 1989년 생긴 오페라 바스띠유로 넘어갔고 현재 오페라 가르니에에서는 주로 현대무용이나 발레 공연이 더 많이 열린다. 공연을 감상하다가 위를 바라보면 샤갈의 천장화가 그려진 둥근 돔이, 밖에서 보면 나폴레옹 3세의 관을 본뜬 청동 지붕이 반긴다. 밤에 조명이 들어오면 수많은 샹들리에로 장식된 내부만큼이나 외부도 화려해진다.

Ⓐ Place de l'Opéra, 75009 / Opéra 역에서 도보 1분
Ⓗ 내부 관람 매일 10:00~17:00
Ⓟ 입장료 €14 (특별 전시 없을 시 €12),
오디오 가이드(한국어) €5, 공연료 €15~500, 12세 미만 무료
Ⓤ www.operadeparis.fr Ⓜ Map → 5-B-3

NEARBY

Café de la Paix 카페 들 라 페 (p.075)

오페라 가르니에가 지어지기 전부터 이 자리에 있었다. 예나 지금이나 평화 카페의 테라스는 오페라 건축물이 한눈에 들어오는 기가 막힌 위치. 에밀 졸라와 기 드 모파상도 이 자리에서 오페라를 바라보곤 했다니 비싼 커피 값이 그리 아깝지 않다.

Opera Opéra Bastille 오페라 바스띠유

바스띠유 감옥은 흔적도 없이 사라진 자리, 1989년 프랑스 혁명기념일 200주년을 맞이하며 개관했다. 오페라가 상류층들만의 향유물이라는 편견을 깨고, 저렴한 티켓 가격으로 일반 시민들도 오페라를 감상할 수 있게 되었다. 유리, 화강암, 알루미늄으로 구성된 외관은 오래된 건축물들 틈에서 현대미가 돋보인다. 지하 7층, 지상 8층의 어마어마한 내부에서는 발레, 오페라, 클래식 연주회 등 여러 편의 공연이 동시에 가능한 세계적 규모. 프랑스어로 공연하는 오페라는 영어 자막이 나오니 한 번 도전해 볼 만하다.

Ⓐ Place de la Bastille ,75012 / Bastille 역에서 도보 1분 Ⓟ 가이드 투어 15유로
(홈페이지 투어 스케줄 확인 후 예약 혹은 투어 시작 10분 전 현장 구매), 공연료 €5~200 Ⓤ www.operadeparis.fr Ⓜ Map → 4-A-4

NEARBY

Rue de Lappe 라프 거리

바스띠유 광장에서 한 블럭 거리에 있는 좁은 골목길로 식당, 바, 카페가 빼곡하다. 특히 밤이 되면 근처에 사는 현지인과 외국인들이 뒤섞여 다이내믹한 광경이 연출된다. Ⓐ Rue de Lappe, 75011 Ⓜ Map → 4-A-4

Marché Bastille 바스띠유 재래시장 (p.106)

일주일에 두 번 열리는 재래시장. 단순히 과일, 야채, 생선만 판매하는 것이 아닌 그 자리에서 배를 채울 수 있는 먹거리까지 다양하다.

Classical Music

Philharmonie de Paris 필하모니 드 파리

클래식 음악부터 재즈, 현대 음악까지 다양한 장르의 콘서트가 3개의 홀에서 동시에 열린다. 이 중 가장 큰 홀은 무려 2,400석이나 되지만 세계적인 오케스트라나 연주자가 올 때면 티켓을 구하기가 힘들 정도. 파리 중앙에 위치하지 않았음에도, 오픈한지 몇 년 되지 않은 필하모니 드 파리에 대한 파리 시민들의 관심은 대단하다. 매일 공연이 있어 언제든지 힐링이 필요할 때면 홈페이지에서 공연 스케줄을 보고 그 자리에서 예약한 후 출발. 일찍 예약하면 5~15유로의 저렴한 자리도 구할 수 있다.

Ⓐ Cité de la musique - Philharmonie de Paris 221, avenue Jean-Jaurès, 75019 / Porte de Pantin 역에서 도보 5분 Ⓤ philharmoniedeparis.fr/en Ⓜ Map → 3-B-1

NEARBY

Cinéma en Plein Air de la Villette 라 빌레뜨 공원 야외 극장

필하모니 드 파리가 위치한 라 빌레뜨 공원에서는 7월 중순부터 약 한 달간 월/화요일을 제외하고 매일 무료 영화를 상영한다. 해가 지는 시간이 곧 영화가 시작하는 시간. 밤 10시가 넘어 해가 지는 한 여름, 현지인들은 일찌감치 와서 푹신푹신한 잔디에 돗자리를 깔고 피크닉을 즐긴다. 프랑스어 자막이 있는 영어 영화도 자주 상영된다.

Ⓐ Prairie du Triangle, 211 Avenue Jean Jaurès, 75019 / Porte de Pantin 역에서 도보 5분
Ⓤ lavillette.com Ⓜ Map → 3-A-1

Saint-Julien-le-Pauvre 생 줄리앙 르 뽀브흐 성당

Classical Music

노트르담 성당이 멋지게 바라다 보이는 작은 공원 뒤, 작고 허름한 12세기 성당. 우연히 발견하지 않는 한 낮에 이 안에 들어오는 사람들은 거의 없다. 하지만 이에 아랑곳하지 않고, 매일 저녁 이 곳에서는 클래식 공연이 열린다. 50명의 수준 높은 연주가들이 정해진 스케줄에 따라 하루씩 공연을 이끌어 간다. 12세기 성당에 울려 퍼지는 피아노, 오르간, 아코디언 연주, 혹은 가스펠 공연. 잠들기 전 마시는 한 잔의 카모마일 차처럼 부드럽고 마음이 온화해진다. 공연 스케줄과 티켓 예매를 할 수 있는 영어 홈페이지가 있고, 공연 시작 한 시간 전 문 앞에서 현장 구매도 가능.

Ⓐ 79 Rue Galande, 75005 / Saint Michel 역에서 도보 2분
Ⓗ 공연시간: 월~금 20:00, 토 19:00, 일 16:00 Ⓟ 공연료 €23/€18, 25세 이하 €13
Ⓤ www.concertinparis.com Ⓜ Map → 5-E-2

DON'T MISS

파리에서 가장 나이 많은 나무

생 줄리앙 르 뽀브흐 성당 바로 옆, 비비아니 공원Square René Viviani 안에 있는 로우커스트 나무는 1601년에 심어진 파리에서 가장 오래된 나무로 알려져 있다.

Ⓐ 25 Quai de Montebello, 75005 / Saint Michel 역에서 도보 2분
Ⓗ 매일 08:00~17:00

Classical Music

Église de la Madeleine 마들렌 성당

DON'T MISS

Place de la Madeleine
마들렌 광장 (p.116)

마들렌 성당이 위치한 마들렌 광장은 고급 식료품점과 레스토랑, 카페들로 둘러져 있다. 눈도 즐겁고 입도 즐거운 경험, 마들렌 광장 한 바퀴면 된다.

마들렌 성당을 보러 왔다 생각지 않게 공연까지 보게 되는 운 좋은 일이 생길 수 있다. 주로 오후 4시, 해외에서 초청된 유소년 합창단부터 오르간 연주, 오케스트라 공연이 자주 열린다. 비정기적으로 저녁 8시 30분에는 더 수준 높은 유료 공연이 열리는데, 오히려 낮에 열리는 무료 공연보다 자리가 더 많이 찬다. 공연 일정은 홈페이지에서 확인 가능하고, 성당 입구에도 몇 달치 일정표가 붙어 있다. '엉트헤 리브흐Entrée libre'라고 적혀있으면 무료.

Ⓐ Place de la Madeleine / Madeleine 역
Ⓟ 유료 공연 €15~40 Ⓤ www.eglise-lamadeleine.com Ⓜ Map → 5-B-4

"Le Ritz c'est ma maison"

"리츠는 내 집이다"

Ritz Paris 리츠 호텔 *Hotel*

리츠 호텔은 코코 샤넬과 떼려야 뗄 수 없는 곳. 그녀는 방돔 광장이 내려다 보이는 2층 스위트룸에서 34년을 살았다. 화려하고 우아한 호텔의 외관만으로도 매일 아침 그곳에서 나와 몇 걸음 되지 않는 아뜰리에로 향했을 그녀의 모습이 절로 떠오른다. 샤넬이 살았던 방은 그녀의 취향이 담긴 '코코 샤넬 스위트룸'으로 재탄생했고, 패션 위크 기간에는 그 값이 무려 2만8,000유로까지 올라간다고.

Ⓐ 15 Place Vendôme, 75001 / Opéra 역에서 도보 6분
Ⓜ Map → 5-B-4

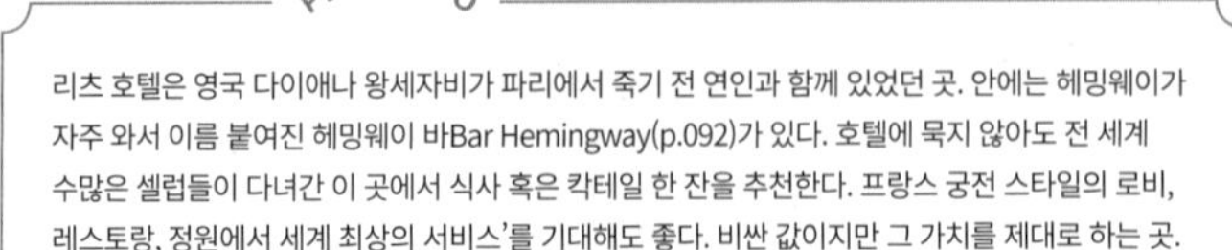

PLUS INFO

리츠 호텔은 영국 다이애나 왕세자비가 파리에서 죽기 전 연인과 함께 있었던 곳. 안에는 헤밍웨이가 자주 와서 이름 붙여진 헤밍웨이 바Bar Hemingway(p.092)가 있다. 호텔에 묵지 않아도 전 세계 수많은 셀럽들이 다녀간 이 곳에서 식사 혹은 칵테일 한 잔을 추천한다. 프랑스 궁전 스타일의 로비, 레스토랑, 정원에서 세계 최상의 서비스'를 기대해도 좋다. 비싼 값이지만 그 가치를 제대로 하는 곳.

Ⓟ 아침식사 €66, 브런치 €170, 점심 2코스 €95/ 3코스 €125, 칵테일 한 잔 €32

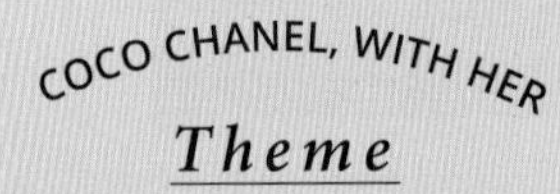

Paris in Style

코코 샤넬의 발자취를 따라

파리 1구는 그녀의 삶 자체였다. 빼곡한 일정표를 채우는 대부분의 약속도 이 곳을 벗어나는 일이 거의 없었다. 그녀가 매일 출근했던 깡봉가Rue de Cambon는 샤넬 본점의 거리로 전 세계에 이름을 떨쳤고, 패션 위크Fashion Week의 피날레를 장식하는 샤넬 쇼는 세계가 가장 주목하는 순간이다. 시간이 지날수록 그 역사와 품격이 더 빛나는 파리 1구의 곳곳에서는 그녀의 우아한 숨결과 뜨거운 야망이 그대로 느껴진다.

Le luxe, ce n'est pas le contraire de la pauvreté mais celui de la vulgarité.

"럭셔리의 반대말은 빈곤함이 아니라 천박함이다"

Chanel Cambon *Shop*

샤넬 본점(깡봉 가 31번지)

1918년 샤넬은 깡봉 가 31번지 건물을 통째로 구입했다. 아래층에는 첫 부티크가 문을 열었고, 1층은 작업실로, 2층과 꼭대기 층은 아파트로 사용하며 패션쇼나 파티를 열곤 했다. 그리고 10년이 채 되지 않아 31번지를 포함하여 깡봉 가 다섯 개 건물의 소유주가 되었다. 현재는 27,29,31 번지가 하나의 매장으로 합쳐져 전 세계 샤넬 팬들을 맞이한다. 그녀가 쓰던 가구들과 애장품들로 디자인되어 있는 아파트는 특정인들에게만 공개되고 있다.

샤넬의 100년 역사가 담긴 매장 안에 들어가보자. 31번지 쪽 대문으로 들어가면 입구 바로 오른쪽 코코 샤넬의 사진과 그녀가 좋아했던 거울로 장식된 계단이 있다. 매장 내부에서 유일하게 사진 촬영이 가능한 공간. 하지만 촬영 전, 예의상 허락을 구하는 것이 좋다. 위층은 사무실과 아파트라 올라갈 수는 없다.

Ⓐ 31 Rue Combon, 75001 / Concorde 역에서 도보 4분 Ⓗ 월~토 10:00~19:00, 일 11:00~19:00
Ⓜ Map → 5-B-4

Place Vendôme *Square*
방돔 광장

리츠 호텔이 위치한 방돔 광장 역시 샤넬의 영광이 묻어나는 장소다. 그녀가 찍힌 상당수의 사진들에 방돔 광장이 배경으로 등장한다. 샤넬의 아이콘인 향수 No.5의 병 뚜껑은 8각형의 방돔 광장 모양에서 영감을 받았다. 광장을 둘러 싸고 있는 고급스럽고 우아한 건축물의 아래층은 샤넬을 비롯하여 수 많은 브랜드의 보석 부티크들로 채워져 여행객들을 유혹한다.

Ⓐ Place Vendôme, 75001 / Opéra 역에서 도보 5분
Ⓜ Map → 5-B-4

Don't Miss

방돔 기둥

나폴레옹이 전승지에서 획득한 대포 133개를 녹여 만들었다. 기둥 끝에 우뚝 서 있는 동상은 코코 샤넬이 아닌 나폴레옹 1세.

쇼팽의 아파트

방돔 광장 12번지 쇼메Chaumet 매장이 위치해 있는 1층 아파트에서 쇼팽은 39살의 나이로 숨을 거뒀다. 건물에는 이 역사적 사실을 알리는 팻말이 붙어있다.

Coco Chanel's Story

01 장돌뱅이의 딸로 태어나 아버지에게 버림받은 샤넬은 수녀원에서 7년간 생활하며 바느질을 배웠다. 성인이 되어 수도원을 나온 후에는, 봉제 회사를 다니며 저녁에는 카바레 로통드에서 가수로 일했다. 잃어버린 개를 찾는 그녀의 노래 '코코를 본 적이 있나요Qui qu'a vu Coco'에서 '코코, 코코'라는 후렴구가 이어지는데, 이후 그녀는 본명인 가브리엘 샤넬보다 '코코 샤넬'로 더 유명해졌다. 로통드가 그리 품격 있는 곳은 아니었지만 그녀는 굴욕감을 느끼지 않았다. 그녀에게는 이미 새로운 목표가 있었기 때문에.

02 오랫동안 꿈꿔왔던 가수가 되는 기회를 놓치고 사랑에도 실패했다. 인생의 기회가 다 지나가 버린 것 같은 기분이 들었지만 그녀는 세상에 굴복하지 않았다. 바느질을 할 줄 아는 재능을 살려 모자 만드는 일을 시작했고, 패션 부티크를 오픈하기에 이른다. 코코 샤넬은 자신만의 스타일을 창조해 여성을 코르셋에서 해방 시킨 장본인이다. 그리고 거대한 성공 신화의 주인공이자 세계 패션계의 전설이 되었다.

"내가 바로 패션이고 명품이다"

Je fais la mode. Je suis la mode.

PLUS INFO

앙젤리나의 시그니처 디저트는 밤 크림으로 만든 '몽블랑Mont Blanc'. 현지인들이 핫 초콜릿과 함께 시키는 최고 궁합의 메뉴. 하지만 이 멋진 궁합이 한국인들에겐 너무 달 수 있으니 주의. 카페와 함께 앙젤리나 브랜드의 마카롱, 초콜릿 등을 판매하는 매장을 함께 운영한다. 일정상 앙젤리나에서 핫 초콜릿을 마실 시간이 없다면 집에서 끓여 마실 수 있는 핫 초콜릿 병(€6.9/€10) 혹은 핫 초콜릿 파우더(€22.5)를 구입하는 것을 추천!

Angelina *Restaurant*
앙젤리나

100년이 넘는 전통의 쇼콜라 쇼Chocolat chaud(핫 초콜릿)의 명가로 알려진 앙젤리나는 코코 샤넬이 자주 찾던 찻집이었다. 하얀 벽과 높은 천장, 거울들로 가득 찬 내부 인테리어는 그녀가 좋아하는 스타일과 잘 맞아 떨어진다. 리츠 호텔에서 몇 분 걸리지 않아 약속 장소로 자주 이용해 샤넬의 전용 테이블이 있을 정도였다.

Ⓐ 226 Rue de Rivoli, 75001/ Tuilleries 역에서 도보 2분
월~금 07:00~19:00, 토/일 08:30~19:30 Ⓟ 쇼콜라 쇼 €8.2, 몽블랑 €7.5, 브런치 €39.5 Ⓜ Map → 5-C-4

IF YOU HAVE TIME

Grand Palais 그랑 팔레

2005년 수석 디자이너인 칼 라거펠트가 그랑 팔레와 인연을 맺기 시작하면서부터 유리로 된 거대한 돔 아래에서 매 해 샤넬 패션쇼가 열리고 있다. 얼마 전엔 샤넬이 그랑 팔레의 단독 스폰서로 나서며 2020년에 시작될 리모델링 작업에 약 330억 원(2,500만 유로)을 후원하기로 하면서 세간에 관심을 모았다. 1900년 파리 만국박람회를 위한 전시장으로 지어진 그랑 팔레는 현재까지 세계적으로 명망있는 전시가 꾸준히 열리고 있다.

Ⓐ 3 Avenue du Général Eisenhower, 75008 / Champs-Elysée Clémenceau에서 나오자마자 Ⓜ Map → 8-B-1

Théâtre des Champs-Élysées 샹젤리제 극장

코코 샤넬은 예술 애호가로도 유명하다. 샹젤리제 극장에서 알게 된 러시아 작곡가 Igor Stravinsky가 재정적 어려움을 겪고 있다는 걸 알았을 때 그녀는 적극적으로 그의 후원자로 나섰다. 그리고 이 극장에서 첫 선을 보인 발레 공연 '르 트랑 블루Le Train bleu'의 의상들 또한 그녀가 직접 디자인했다.

Ⓐ 15 Avenue Montaigne, 75008 / Alma-Marceau 도보 3분 Ⓜ Map → 8-B-2

EAT UP

잘 고른 요리 하나, 여행지에서 이만한 '소확행'도 없다.
그윽한 하늘 아래 흠잡을 데 없는 풍경, 솔솔 부는 바람이 살갗을 스치는 짜릿함,
이국에서의 낯선 향은 끊임없이 코끝을 자극한다. 이때 입안 가득 감미로운 프렌치
풍미만 더해진다면 오감만족!

Breizh Café 브레이즈 카페

La Palette 라 팔레트

Parisian Cafés : 세월의 흔적이 깃든, 예술가들의 열정이 가득한

전형적인 '파리지앵 카페'가 등장한 때는 17세기.
예술에 인생을 건 화가와 작가들은 이곳에 모여 각자의 생각들을 공유했고, 시대를 염려하는 지식인들은 정치적 이슈를 열띠게 논하며 사회 관계망을 형성했다. 우리가 알고 있는 커피숍과는 의미가 조금 다른 '파리지앵 카페'. 하루 중 어느 때 건 들러 커피 한 잔은 물론 식사와 와인 한 잔의 여유를 맛볼 수 있는 곳. 한 시대를 풍미했던 보헤미안들의 커다란 발자국이 느껴져 더 특별하다.

1 Les Deux Magots
레 더 마고 (p.045)

파리에서 가장 오래된 카페 중 하나인 '레 더 마고'는 '두 개의 중국 점토 인형'이라는 뜻이다. 카페로 문 열기 이전, 온갖 신기한 물건들을 팔던 고급 상점이었을 당시의 이름을 그대로 사용하고 있는 것. 내부에는 실제로 두 개의 중국 점토 인형이 역사의 산증인인 양 자리하고 있다. 카페는 순식간에 피카소, 헤밍웨이와 같은 예술과 문학계 거장들이 작품을 의논하고 비평하는 공간으로 거듭났다. 이에 '레 더 마고'는 문학적 소명을 갖고 1933년 '더 마고 상Prix des Deux Magots'이라는 문학 어워드를 만들었고 현재까지도 매년 1월 재능 있는 작가들에게 영광의 상장을 수여하고 있다.

INFO
Ⓐ 6 Place Saint-Germain des Prés, 75006 / Saint-Germain des Prés 역에서 도보 1분
Ⓗ 매일 07:30~01:00 Ⓜ Map → 5-E-3

Café de Flore
2 카페 드 플로르

레 더 마고와 함께 파리에서 가장 오래된 커피숍 중 하나.
서로 마주보고 있는 두 카페는 영원한 경쟁자라고 하는데, 생긴 시기부터 예술가들과 철학자들의 아지트였던 역사적 사실에 카페의 전반적인 분위기까지 마치 쌍둥이처럼 닮았다. 현지인들에게 둘 중 어느 카페를 추천하냐고 물어보면 돌아오는 대답은 늘, '각자 취향에 따라서'.

INFO

Ⓐ 172 Boulevard Saint-Germain, 75006 / Saint-Germain des Prés 역에서 도보 1분 Ⓗ 매일 07:30~01:30 Ⓜ Map → 5-E-3

Café de la Paix
4 카페 들 라 페

이제는 카페를 넘어 명소이기도 하다. 모파상, 에밀 졸라, 차이코프스키 외에도 수많은 정치인들의 미팅 장소였다. 당대 최고의 건축물이었던 오페라의 외관을 보기 위해 찾아온 멋쟁이 신사, 숙녀들로 카페 들 라 페는 늘 인산인해를 이루었다. 지금도 파리의 시크함과 상징적인 모습을 잘 담고 있어 영화와 화보 촬영지로도 꾸준한 인기를 누리는 곳. 나폴레옹 3세 시대의 화려함이 엿보이는 내부의 데코는 카페를 역사적 기념물로까지 등극시키는데 큰 역할을 했다.

INFO

Ⓐ 5 Place de l'Opéra, 75009 / Opéra 역에서 도보 1분
Ⓗ 매일 07:00~00:30 Ⓟ 에스프레소 €6, 카푸치노 €9 Ⓜ Map → 5-B-3

Le Consulat
3 르 꽁쉴라

피카소, 반 고흐, 시슬리, 모네 등 몽마르뜨를 주 활동 무대로 삼았던 예술가들의 아지트였던 비스트로. 국적도 사회적 배경도 달랐지만 예술가라는 공통 분모만으로도 얼마나 할 이야기가 많았을까.
빈티지한 느낌이 몽마르뜨의 분위기와 딱 어울리는 외관, 낡은 액자에 인상파 화풍의 그림들이 걸려 있는 내부는 100년 전 그 때가 상상된다. 양파 수프에 스테이크가 가장 잘 나가는 메뉴.

INFO

Ⓐ 18 Rue Norvins, 75018 / Lamarck – Caulaincour 역에서 도보 5분
Ⓗ 매일 11:00~22:00 Ⓜ Map → 7-E-2

La Palette
5 라 팔레뜨

시크하면서도 보헤미안적인 라틴 지구 분위기에 가장 잘 맞는 식당. 미국 가수 짐 모리슨, 피카소, 헤밍웨이 등 많은 예술가들이 즐겨 찾았던 곳. 내부에는 테이블이 많지 않고, 테라스 테이블이 대부분인데 주로 꽉 찬다. 10~15유로의 오늘의 점심 메뉴 혹은 브런치는 특히 인기라 식사 시간에 맞춰 일찍 가지 않으면 다 떨어지는 경우가 많다. 와인 메뉴도 다양해서 새벽 2시까지 운영되는 바도 인기.

INFO

Ⓐ 43 Rue de Seine, 75006 / Saint-Germain des Prés 역에서 도보 4분
Ⓗ 월~토 08:00~02:00 , 일 10:00~02:00 Ⓟ 크로크 무슈 €11, 훈제 연어 €16.5
Ⓜ Map → 5-D-3

Coffee Time : 맛있는 커피를 찾아라

이른 아침 그리고 식사 후에 진한 에스프레소를 즐겨 마시는 '보통' 파리지앵들 사이에서는 맛있는 커피보다 저렴한 에스프레소를 찾는 일이 더 큰 관심사일지 모른다. 하지만 소수의 취향에도 큰 관심을 기울이는 여기는 파리가 아니던가. '커피 마니아'들이 찾아 다니는 맛있는 커피 전문점은 어디일까?

1 Lomi 로미

한때는 이민자들의 동네였으나, 젊은 파리지앵들이 모이기 시작하면서 힙스터들의 지역으로 거듭나고 있는 파리 18구에 위치해 있다. 그래피티가 가득한 젊음이 느껴지는 거리, 새로운 동네 분위기에 한 몫 하는 카페. 노트북을 갖고 오는 손님들을 위한 커다란 전용 테이블이 있다. 커피 소믈리에, 바리스타, 로스터 전문가를 양성하는 과정도 운영해서 전 세계 커피 전문가를 꿈꾸는 사람들이 찾아오는 곳. 양 많은 건강식 점심식사(€9.9)도 할 수 있다.

INFO

Ⓐ 3 ter Rue Marcadet, 75018 / Marcadet-Poissonniers 역에서 5분
Ⓗ 화~금 08:00~18:00, 토 09:30~18:00, 일/월 휴무 Ⓜ Map → 7-D-1

2 Café Verlet 카페 베흘레

1880년 문을 열어, 현재 4대째 내려오는 커피 명가답게 고풍스러운 분위기가 한껏 느껴진다. 커피 원두, 차와 함께 유명 브랜드의 쿠키와 견과, 현지인들 사이에서도 알아주는 고급 식료품을 판매하여 옛 식료품점 느낌도 살짝 난다. 카페의 명성과 루브르 박물관에 인접한 비싼 자리 값만큼 파리의 다른 카페에 비해 커피 한 잔의 가격이 1~2유로 높은 편. 케이크 한 조각은 7.5유로. 위층 창가 자리가 운치 있어 좋다.

INFO

Ⓐ 256 Rue Saint Honoré, 75001 / Pyramides 역에서 도보 3분
Ⓗ 월~토 10:00~19:00, 일 휴무
Ⓜ Map → 5-C-3

INTERVIEW

PROFILE

Bernard

Ⓝ 베르나르
Ⓙ Caféothèque 매니저

Q. 최근 몇 년 사이 파리에 '커피 전문점'이 하나 둘 씩 생겨나고 있는데요. 카페오떼끄 Caféothèque가 처음 문을 열었던 2005년도에 파리에서 커피의 인기는 어느 정도였나요?

A. 커피에 대한 관심이 많아지기 시작한 요즘과 달리 그 당시엔 '커피 맛'을 아는 프랑스인들은 별로 없었죠. 처음 시작할 땐 카페 크기가 지금의 절반도 되지 않았는데, 첫 몇 년 동안은 그마저도 운영해 나가기 힘들었어요. 2010년 뉴욕 타임즈에 '파리의 커피는 왜 맛이 없는가? Why is coffee in Paris so bad?'라는 제목의 기사에 Caféothèque가 '맛있는' 커피 전문점으로 소개되었고, 커피에 관심이 많은 미국인들이 찾아오기 시작하면서 입 소문을 타기 시작한 것 같아요. 10년 넘게 운영을 해왔지만 손님들이 많이 찾기 시작한 지는 몇 년 되지 않았습니다.

Q. 주말에 오니 자리가 없을 정도로 손님이 많았어요. 손님들은 주로 어떤 사람들인가요?

A. 현재도 파리의 평균 커피 수준은 그다지 좋지 않아요. 물론 '커피 전문점들'이 새롭게 문 열면서 제대로 된 커피를 찾는 일이 예전만큼 어렵지는 않지만요. 커피 맛에 관심이 많은 아시아인들을 비롯해 외국인들이 찾아오는 경우가 많은 것 같아요. 이 자리에 오래 있었으니 동네 단골손님들도 많고요. 현지인들 사이에서는 에스프레소와 카푸치노가 인기가 많아요.

Q. 얼마 전 북한에도 다녀오셨다고요?

카페뿐만 아니라 '커피 전문가 교육 과정L'École de Caféologie'도 운영하고 있어요. 카페 창업주인 제 아내 글로리아 몬떼네그로Gloria Montenegro는 커피 관련 전문서적인 <카페올로지Caféologie>를 출판하기도 했어요. 어떻게 알고 연락이 왔는지는 모르겠지만, 2013년에 북한측에서 '바리스타 교육'을 부탁하는 초청이 와서 아내와 함께 다녀왔어요. 50명의 전문가를 양성했죠. 북한에 머무는 동안 먹은 음식들도 모두 맛있었고, 사람들도 모두 친절해서 아주 좋은 인상을 받았습니다.

Caféothèque 카페오떼끄

과테말라, 페루, 콩고, 에티오피아 등 커피 원산지에서 '직접 거래'해 온 원두를 로스팅해 전 세계 각국 원두의 순수한 맛을 볼 수 있다. 커피 원산지인 남미와 아프리카 느낌을 담은 특징 있는 인테리어가 커피 맛과 함께 마치 그곳을 여행하는 듯한 상상을 불러 일으키는 곳. 하지만 눈을 뜨고 창 밖을 보면 센느강 건너편으로 생 루이섬이 마주 보인다. 어떤 커피를 맛볼지 고민이 된다면 '오늘의 커피 Café du Jour(€2.5~5.5)'가 최선의 선택. 파리에서 흔치 않은 아이스 커피도 있다.

INFO

Ⓐ 52 Rue de l'Hôtel de ville, 75004 / Pont Marie 역에서 도보 2분 Ⓗ 매일 09:00~20:00 Ⓟ 오늘의 커피 €2.5~5.5 Ⓜ Map → 6-A-4

Coutume Café 꾸뛤 카페

파리의 부촌, 봉마르셰 백화점에서 가깝다. 파리에서 흔히 볼 수 있는 카페들과 달리 넓은 공간과 트렌디한 인테리어가 인상적이다. 손님들은 해외 주재원이나 고위 인사들이 많이 사는 동네니만큼 나이 지긋한 어르신들과 외국인들이 많다. 각 시즌마다 수확철 원산지에서 들여오는 신선한 원두로 네 번 걸러진 필터커피(€6)가 유명. 주문 후 나오는데까지 5~10분 정도 걸린다. 특이하게 주중 브런치(€12)를 먹을 수 있는 곳.

INFO

Ⓐ 47 Rue de Babylone, 75007 / St François-Xavier 역에서 도보 4분 Ⓗ 월~금 08:30~17:30, 토/일 09:00~18:00 Ⓜ Map → 5-E-4

Terres de Café 떼흐 드 카페

프랑스 최고의 커피 로스팅 전문가로 뽑혔던 크리스토프 세흐블Christophe Servell의 로스팅 노하우로 만든 커피를 직접 맛볼 수 있다. 안에서 마시는 에스프레소가 한 잔에 1.6유로, 홈메이드 파티세리와 에스프레소 한 잔 세트가 고작 2.8유로. 다양한 커피 기구와 각 기구에 맞는 커피 원료를 구입할 수 있고, 매일 맛있는 커피를 직접 해 마실 수 있는 노하우도 전수해 준다. 직원들은 손님들과 쉴새 없이 커피에 관한 대화를 나누느라 늘 분주하다.

INFO

Ⓐ 36 Rue des Blancs Manteaux, 75004 / Rambuteau 역에서 도보 6분 Ⓗ 화~일 12:30~19:00, 월 휴무 Ⓜ Map → 6-A-3

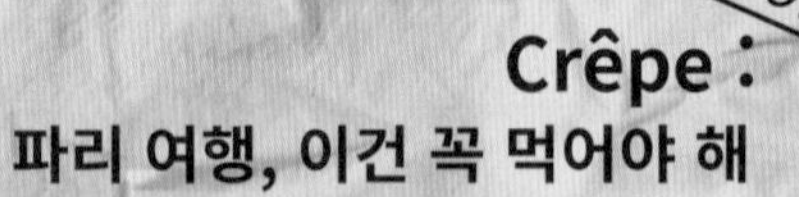

Crêpe : 파리 여행, 이건 꼭 먹어야 해

**프랑스 음식 하면 달팽이, 푸아그라, 라따뚜이 같은 요리를 가장 먼저 떠올리지만,
사실 프랑스인들이 일상에서 이 보다 더 즐겨먹는 음식은 바로 크렙Crêpe!**

'크레페'가 아니라 '크렙'이라고 읽는다.
밀가루 혹은 메밀가루 반죽을 팬케이크보다 얇게 펴서 그 안에 바나나와 초콜릿 누텔라,
크림 등을 넣어 달달하게, 혹은 햄 치즈, 계란 등을 넣어 짭짤하게 먹는다.
크렙은 프랑스 북서쪽에 위치한 브르따뉴Bretagne 지방의 특식이지만, 현재는 프랑스 어디에서나 쉽게
접할 수 있고 가정에서도 간편하게 해 먹을 수 있어 프랑스의 '국민 음식'으로 자리매김했다.
'길거리 크렙'부터 크렙으로 식사와 디저트까지 해결하는 '전문 레스토랑'까지,
알고 먹으면 더 맛있는 크렙은 파리에서 꼭 먹어야 하는 0순위 음식!

5유로의 행복, 길거리 크렙

길거리에서 흔히 보이고, 3~5유로 대로 배를 두둑하게 채울 수 있어서 좋다. 크렙 집의 위치에 따라 가격이 약간 차이가 날 뿐 안에 들어가는 재료는 거의 동일하기에 맛은 비슷비슷.
크렙 메뉴를 보면 각 크렙에 들어가는 재료 명이 나열되어 있어 몇 가지 단어만 알면 주문하기가 훨씬 수월하다. 길거리 크렙 메뉴는 두 가지로 나뉘는데, 식사 대용이라면 '짭짤한 크렙Crêpes salées' 메뉴에서, 디저트나 간식 대용이라면 '달달한 크렙Crêpes sucrées' 메뉴에서 고르면 된다.

사라상 Sarrasin?

크렙을 조금 더 전문적으로 하는 곳에 가면 '짭짤한 크렙Crêpes salées'이 있어야 할 자리에 'Galettes de Sarrasin'이라고 써 있는 걸 볼 수 있다. 갈레뜨Galette는 밀가루가 아닌 메밀가루 크렙을 일컫는데, 메밀은 프랑스어로 '검은 밀Ble noir' 혹은 '사라상Sarrasin'이라고 부른다. 즉, 갈레뜨 드 사라상Galettes de sarrasin은 '메밀가루 반죽으로 만든 크렙'을 일컫는다. 메밀은 우리에겐 친숙하지만 유럽에서는 잘 쓰이지 않는 곡식으로 프랑스 메밀 소비량의 70% 이상을 차지하는 곳이 바로 크렙의 본고장인 브르따뉴 지방이다.

크렙과 함께 먹는 술, 시드르 Cidre

시드르Cidre는 알코올 농도 약 2~8%의 가벼운 사과 발효주로 사과나무가 많은 프랑스 북서쪽의 노르망디와 브르따뉴 지방의 특산주다. 크렙 역시 이 두 지방의 특식인 만큼 시드르는 크렙과 함께 마시는 술로 유명한데, 독특한 점은 와인 잔이 아니라, 넓은 사기 그릇이나 사기 잔에 서빙한다는 점. 크레페리가 아니더라도 슈퍼마켓이나 와인 판매점에서 쉽게 구입할 수 있고, 가격은 전반적으로 10유로 이하로 저렴하다.

TIP

짭짤한 크렙 Crêpes salées
Jambon 햄 / Fromage 치즈/ Oeuf 계란/ Champignon 버섯/ Poulet 닭고기

달달한 크렙 Crêpes sucrées
Sucre 설탕/ Banane 바나나/ Nutella 초콜릿 누텔라/ Beurre 버터/ Miel 꿀/ Crème de Marron 밤 크림/ Confiture 과일 잼

간식 대용으로는 바나나와 누텔라가 들어간 바난 누텔라Banane Nutella를, 식사 대용으로는 햄, 치즈, 계란이 함께 들어간 꽁쁠레뜨Complète를 가장 많이 먹는다.

PLUS

프랑스에서 매년 2월 2일은 '크렙 먹는 날'
프랑스에서 매년 2월 2일은 성촉절, 프랑스어로는 샹들러 Chandeleur라고 부르는 날이다.
예수가 탄생하지 40일 째 되는 종교절이 날이지만, 프랑스에서는 집에서 크렙을 해먹는 날로 더 유명하다. 샹들러에 크렙을 먹는 이유는, 크렙의 반죽 색상이 종교적 '빛'처럼 밝기도하고, 그 해의 풍성한 추수를 바라는 마음으로 가정에서 쉽게 해먹을 수 있는 음식이기 때문. 공휴일은 아니지만, 각 가정에서 하루 일과를 마친 후 저녁식사로 크렙을 만들어 먹는 경우가 많다.

파리에는 '크렙 전문 레스토랑' 거리가 있다?
길거리 크렙 가게 외에도, 한 끼 식사를 크렙으로만 할 수 있는 '크레페리Crêperie(크렙 전문 레스토랑)' 또한 파리에서 심심찮게 발견할 수 있다. 길거리 크렙 가게에서는 맛볼 수 없는 다양한 종류의 크렙을 시드르 한 잔과 함께 식사+디저트 2코스로 하는 게 일반적이다.
파리에서 에펠탑 다음으로 높은 몽파르나스 타워Tour Montparnase 근처에는 한 집 건너 한 집이 크레페리인 거리가 있다. 몽파르나스 거리Rue de Montparnasse는 프랑스인들의 '크렙 사랑'을 제대로 확인 할 수 있는 곳이다.

La Crêperie de Josselin
라 크레페리 드 조슬랑

50년 넘게 가족 경영으로 운영되고 있다. 크렙의 본고장 브르따뉴 지방을 연상시키는 나무 인테리어와 친절한 서비스가 인기 비결. 식사로는 시금치, 돼지고기, 계란, 치즈가 들어간 Maraîcher가 가장 유명하고, 디저트로는 짭조름한 홈메이드 버터와 캐러멜로 만든 Caramel au Beurre salé를 추천한다.

Ⓐ 67 Rue du Montparnasse, 75014 / Gare Montparnasse 역에서 도보 4분
Ⓗ 수~일 11:30~23:00, 화 17:30-23:00, 월 휴무
Ⓜ Map → 9-E-3

La Crêperie Bretonne
라 크레페리 브르똔느

중간에 주인이 한 번 바뀌긴 했지만 1939년부터 자리를 지켜온 크렙 전문점이다. 크렙 재료 중 일부는 직접 재배한다는데 그래서인지 다른 크레페리보다 저렴한 가격이 장점이다. 너무 많아 무얼 먹을지 고민하는 손님들을 위해 메뉴판에 추천 크렙을 친절하게 표기해 놓았다. 추천 메뉴는 염소치즈와 꿀, 호두, 샐러드가 들어간 Mr Seguin.

Ⓐ 56 Rue du Montparnasse, 75014 / Gare Montparnasse 역에서 도보 4분
Ⓗ 목~화 11:30~23:00, 수 휴무
Ⓟ Mr Seguin €8.5
Ⓜ Map → 9-E-3

트렌드를 가미한 새로운 크렙, Breizh Café 브레이즈 카페

: '브레즈Breizh'는 브르따뉴 지방 방언으로 '브르따뉴 사람들' 혹은 '브르따뉴의'라는 형용사다.

크렙이 '만들기 쉽고 저렴한 음식'이라는 전통적인 인식을 깨고, 독특한 재료와 화려한 비주얼로 크렙의 변신을 시도한 크렙 전문점이 있다. '프랑스 브르따뉴 지방 전통식'이라는 콘셉트를 내세워 일본에서 첫 오픈, 큰 성공을 거둔 후 본고장인 브르따뉴와 파리에 매장을 오픈한 브레이즈 카페Breizh Café가 그 곳.
일반 크렙에 비해 비싸다는 현지인들의 볼멘소리 섞인 평도 있지만, 유기농 열풍에 맞춘 재료 선택과 다양한 시도를 칭찬하는 현지인들도 적지 않다.
오데옹에 위치한 파리 2호점 보다는 마레 지구의 중심 피카소 미술관 옆에 위치한 1호점이 더 인기. 다른 크레페리에 비해 몇 유로를 더 얹는 만큼 클래식한 크렙보다는 계절마다 바뀌는 '계절 메뉴Crêpe au Moment'에서 신선한 재료를 사용한 독특한 크렙을 맛 보는 것을 추천한다. 특히 1월부터 5월 중순까지만 판매하는 계절 재료 관자Saint Jacque를 얹은 Binicaise가 인기. 레스토랑 바로 옆에는 브르따뉴 지방에서 온 크렙 재료와 시드르 등을 판매하는 식료품점Epicerie을 운영하고 있다.

Ⓐ 109 Rue Vieille du Temple, 75003 / Filles du Calvaire 역에서 도보 6분
Ⓗ 매일 10:00~23:00
Ⓟ Binicaise €18.5, Bretonne €14.5
Ⓜ Map → 6-B-3

EAT UP 3.

Secret Terrace & Garden :

'비밀의 정원'이 궁금하다면

여행을 하다 보면 시끌벅적한 거리를 벗어나 잠시 숨을 돌리고 싶을 때가 있다. 북적거리는 노천 카페가 아닌 한적하고 조용한 정원에서 식사를 하거나 차 한 잔의 여유를 부리고 싶을 때.

관광객들이 정신 없이 오고 가는 경로에서 발걸음을 조금만 옆으로 틀어보자. 파리를 치열하게 살아가는 현지인들이 도심의 스트레스에서 벗어나고 싶을 때 찾는 '비밀의 정원'이 궁금하다면.

Restaurant Mosquée de Paris
모스크 카페 & 레스토랑

1926년에 지어진 프랑스에서 가장 오래된 이슬람 모스크는 파리지앵들에게 훌륭한 테라스일 뿐 아니라 이국적인 분위기까지 선사한다. 코발트 블루 색상의 모자이크 타일로 메워진 정원, 테이블 사이로는 민트티 잔을 가득 담은 쟁반을 들고 점원이 분주히 다닌다. 그 자리에서 2유로를 민트티 한 잔과 맞바꾼 손님은 종교를 막론하고 아늑한 분위기에 젖어들 뿐. 커피 한 잔 혹은 이색적인 아랍단과도 하나에 2유로. 내부에는 북아프리카 음식인 타진과 쿠스쿠스를 먹을 수 있는 레스토랑이 있다.

INFO
Ⓐ 39 Rue Geoffroy Saint-Hilaire ,75005 / Monge 역에서 도보 6분
Ⓗ 매일 09:00~24:00 Ⓟ 민트티/디저트 각각 €2
Ⓜ Map → 5-F-1

Le Café Suédois
스웨덴 문화원 카페

마레 지구의 한적한 거리에 위치한 스웨덴 문화원에서 운영한다. 무늬 없는 하얀 머그컵에 담긴 커피가 주는 친근함, 그날 만든 스웨덴 홈메이드 케이크와 쿠키에서 정감이 느껴진다. 심플한 스칸디나비안 스타일의 내부와 달리, 정원은 18세기 프랑스 귀족 저택이었던 건물로 둘러 쌓여있는 웅장한 모습. 마치 부잣집 뒷마당 같아서 모르는 사람들은 감히 들어갈 엄두도 못 내지만, 동네 사람들 사이에서는 이미 멋진 테라스 카페로 소문난 곳.

INFO
Ⓐ 11 Rue Payenne, 75003 / Saint Paul 역에서 도보 5분
Ⓗ 월~토 12:00~18:00, 일 휴무
Ⓟ 커피/차 €2.5, 샌드위치 €5.5 Ⓜ Map → 6-B-3

3 Café Le Jardin du Petit Palais
쁘띠 팔레 정원 카페

개선문과 빼곡히 즐비한 상점들에 시선을 홀딱 뺏겨 샹젤리제 거리 한편에 위치한 쁘띠 팔레Petit Palais의 진가를 알아보는 사람들은 그리 많지 않다. 화려한 건축물 내부에는 파리시에서 무료로 운영하는 예술 전시회 외에 파리지앵들도 잘 모르는 '정원 카페'가 숨어 있다. 열대우림 분위기의 정원과 옛 그리스 아카데미를 연상시키는 건축물이 조화로운 곳. 친절한 가격의 음료와 디저트는 물론 아침/점심식사도 가능하여 마땅히 먹을 곳 없는 도로 한복판의 오아시스 같은 곳이다. 물론 아는 사람들에게만.

INFO

Ⓐ Avenue Winston Churchill, 75008 / Champs Élysées - Clemenceau 역에서 도보 4분
Ⓗ 일~목 10:00~17:00, 금 10:00~19:00, 월 휴무
Ⓟ 오늘의 점심 요리+디저트 €16.9, 스무디 €4.3 Ⓜ Map → 8-B-1

4 L'Ebouillanté
레부이양떼

돌이 오밀조밀 박힌 12세기 파리의 옛 거리, 600년 넘은 성당이 내려다 보고 있는 자리의 레스토랑. 평소엔 인적이 드물지만, 햇살 좋은 날에는 선글라스로 멋을 부린 사람들의 수다 소리가 테라스를 장식한다. 비뚤하고 널찍한 거리에는 차와 오토바이가 다니지 않아 소음이 있을 공간에는 햇살만이 가득. 소문난 맛집은 아니지만, 맑은 일요일 오후 브런치 하기 더 할 나위 없이 좋은 테라스라는 데에는 이견이 없다. 감자가 주 재료인 튀니지아 스타일의 크렙, 브릭Brick은 레부이양떼가 자랑하는 특식. 다른 레스토랑들에 비해 커피 종류도 다양하다.

INFO

Ⓐ 6 Rue des Barres, 75004 / Pont Marie 역에서 도보 3 분
Ⓗ 화~일 12:00~19:00, 월 휴무
Ⓟ 일요일 브런치 €21, 점심 2코스 €15 Ⓜ Map → 6-A-4

5 Le Café Jacquemart-André
자끄마르-앙드레 박물관 카페

19세기 재력가였던 앙드레와 그의 아내인 자끄마르가 살았던 저택은 박물관으로, 부부가 식사를 하던 화려한 살롱은 카페로 변신했다. 고풍스러움과 로맨틱한 분위기를 두루 갖춘 살롱에 연결된 테라스는 춥거나 비가 와도 정원을 내다 볼 수 있게끔 투명한 천막으로 커버가 되어 날씨 걱정 No. 일요일엔 브런치, 평일엔 점심식사를 서빙하며 예약은 받지 않는다. 메뉴에는 없지만 매일 바뀌는 신선한 디저트는 7~10유로 대, 에스프레소+미니 디저트 세트 Café Gourmand는 10.5유로.

INFO

Ⓐ 158 Boulevard Haussmann, 75008 / Miromesnil 역에서 도보 5분
Ⓗ 평일 11:45~17:30, 주말 11:00~17:00
Ⓟ 일요일 브런치 €30, 차 €5.3 Ⓜ Map → 8-A-1

6 Restaurant RECH
레스토랑 RECH

18세기 건물의 뒤뜰에 호화롭게 자리한 레스토랑으로 현지인들에게도 널리 알려지지 않은 프라이빗한 공간. 마치 파리 근교의 멋진 저택에 초대받은 것 같은 느낌마저 든다. 프랑스식 정원이 펼쳐진 테라스에서 미슐랭이 추천하는 미식을 즐길 수 있어 파리의 중상류층이 주 고객. 셰프인 Thierry Vaissière는 오로지 계절 재료만을 사용한 신선한 요리를 선보이기에 메뉴가 매달 바뀐다. 점심/저녁식사 시간에만 오픈하며 예약을 하는 것이 좋다.

INFO

Ⓐ 217 Boulevard Saint-Germain, 75007 / Solférino 역에서 도보 1분
Ⓗ 평일 점심 12:00~14:00, 저녁 19:00~22:00, 토/일 휴무
Ⓟ 점심 3코스 €36~, 저녁 본식 €35~, 와인 한 잔 €12~19 Ⓜ Map → 5-D-4

시간이 있다면 여기도!

Musée Jacquemart-André
자끄마르-앙드레 박물관

은행가의 집안에서 태어난 에두아르 앙드레와 명성 있는 가문의 화가였던 그의 아내 넬리 자끄마르는 평생을 예술 작품을 수집하며 살았다. 박물관에는 두 부부의 안목으로 수집한 미술 작품과 장식품들이 전시되어 있다. 뿐만 아니라 그 어느 수집품보다도 화려했던 19세기 프랑스 상류층의 호화로운 일상을 엿 볼 수 있는 좋은 기회. 사설 박물관이라 조금 비싸지만 그 값을 충분히 하는 곳이다.

Ⓗ 월 10:00~20:30, 화~일 10:00~18:00 Ⓟ 성인 €15 (특별전시 없을 시 €12), 만 7세 미만 무료

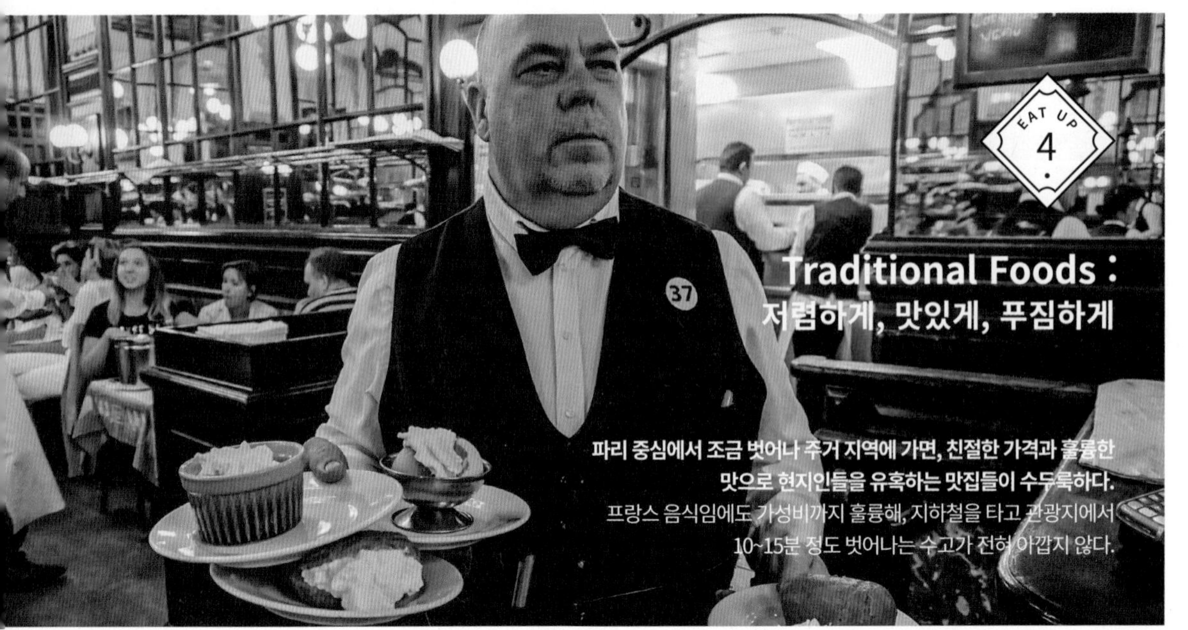

Bouillon Chartier 부이용 샤띠에

RESTAURANT DO&DON'T

파리에서의 레스토랑은 특히나 어렵다. 알 수 없는 프랑스어가 난무하고, 그들만의 에티켓은 어찌나 복잡한지. 현지인들이 많이 가는 레스토랑일수록 직원들과 오해가 생기지 않도록 현지에 맞는 예의를 갖추는 것이 중요하다.

알고 나면 하나도 어렵지 않은 레스토랑 Do & Don't

1. 자리 배정을 위해 레스토랑 입구에서 기다리기

식당 입구에 서 있으면 직원이 다가와 일행이 몇 명인지를 묻는다. 간혹 식사를 할건지, 음료만 할 것인지 묻는 경우도 있다. 그리고 앉을 자리를 배정해주는데, 이때 앉고 싶은 자리를 어필해도 된다.

2. 메뉴 보는 방법

파리는 한 레스토랑이 음료부터 애피타이저, 식사, 디저트, 술까지 다양한 장르를 막론한 메뉴를 갖고 있어 두툼한 메뉴판은 선택의 폭을 넓혀주지만 한편으로는 부담스럽다. 이것만 기억하지. Boissons Frais/Chauds부아송(시원한 음료/따뜻한 음료) - Entrée엉트헤(애피타이저) - Plat쁠라(본식) - Dessert데쎄흐(디저트). 메뉴판에서 굵은 글씨로 적힌 위 단어를 찾아 이 순서대로 주문하면 된다. 무조건 3코스 식사를 해야하는 것은 아니며, 디저트는 식사를 마친 후에 결정해도 된다.

3. 물과 바게트 빵은 공짜, 리필을 요구해도 된다.

파리에서 유일하게 후한 인심이 있다면 바로 이것. 식사를 시키면 자연스럽게 나와 따로 주문할 필요가 없다. 공짜로 나오는 물은 수돗물. 대부분의 현지인들은 집에서건 식당에서건 수돗물을 믿고 마시는 편이다. 단, 관광객인 경우 점원이 메뉴판에 적힌 에비앙 등의 물을 시킬지 물어보는 경우가 있는데, 공짜 수돗물을 마셔도 상관없다면, "Une carafe d'eau s'il vous plait윈 꺄합도 실부쁠레~(그냥 물 한 병 주세요)"라고 하자.

4. 점원을 부르고 싶을 땐 눈을 마주치거나 손을 살짝 들자.

간혹 유럽에서 손을 들어 점원을 부르는 것은 예의가 아닌 것으로 알고 있는데, 파리의 경우 한 점원이 수 많은 손님들을 분주하게 상대하고 있어 손을 들지 않고 점원과 눈을 마주치기란 쉽지 않을 때가 많다. 살짝 손을 들고 "s'il vous plait실부쁠레~(실례합니다)"하고 부르면 전혀 예의에 어긋나지 않는다. 단, 이리 오라는 손짓은 절대 하지 말자.

5. 팁은 필수가 아닌 선택

미국과 달리 프랑스에서는 서비스 요금이 음식 값에 포함되어 있다. 따라서 반드시 줘야 하는 것은 아니지만, 점원의 친절함이 마음에 들었다면 약간의 팁을 주는 것은 좋은 매너다. 간단한 음료와 식사를 했다면 50센트~2유로 정도, 고급 식당에서 비싼 식사를 했다면 음식 값의 5~10% 정도면 적당하다. 이때 직접 주는 게 아니라 계산서가 나온 접시에 놓거나, 테이블 위에 놓고 가면 된다.

6. 중요한 두 단어, 'Bonjour봉쥬' 와 'Merci메르시'

'안녕하세요'와 '감사합니다'. 레스토랑뿐 아니라, 파리에서 상점이나 박물관 등을 방문할 때도 마찬가지. 첫 대면에 가장 먼저 해야 할 말은 "봉쥬~" 하고 인사하기. 용건을 말하기 전, 인사를 먼저 하는 것은 프랑스에서 '정말!' 중요하다. 간혹 인사말 없이 용건만 말할 경우, 상당히 예의가 없는 사람으로 비춰질 수 있다. 레스토랑에서 주문한 음식이 나왔을 때, 혹은 식사 후 레스토랑을 떠날 때 "메르시" 하고 인사하는 것도 잊어서는 안된다.

Escargots 달팽이 €8

Baba au Rhum 바바 오 럼 €6

① Cafe de l'Industrie
카페 드 랑뒤스트리

지극히 평범한 메뉴와 부담 없는 가격이 가장 큰 매력이다. 규모가 크지만 주인 가족의 여행 수집품이 잔뜩 걸려있어 아늑한 분위기. 25년을 넘게 이어온 꾸준한 인기 덕에 현재는 좁은 거리를 사이에 두고 레스토랑이 양쪽에 두 개. 메뉴는 같으니 아무데나 들어가도 된다. 멋 없는 접시에 나오는 맛있고 양 많은 음식, 특히 평일 점심은 전식+오늘의 요리+디저트를 16유로에 먹을 수 있는 보기 드문 인심까지. 젊은 직원들의 발 빠른 서비스도 '엄지 척' 해주고 싶다.

INFO

Ⓐ 16 Rue Saint-Sabin, 75011 / Bréguet – Sabin 역에서 도보 2분 Ⓗ 매일 09:00~02:00
Ⓟ 달팽이 €8, 버거스테이크 €11 Ⓜ Map → 4-A-4

Cheesecake 치즈케이크 €6

② Bouillon Chartier
부이용 샤띠에

파리에 지인이 올 때마다 데리고 간다. 고급 전식인 푸아그라가 7.5유로, 오늘의 요리 10유로, 이달의 와인은 한 병에 고작 13유로. 100년이 넘는 대규모의 전통 식당이 여전히 옛 스타일을 고수하는 점이 인상적이다. 점원마다 각자의 구역이 있고, 주문한 음식을 종이로 된 테이블보에 잽싸게 갈겨쓴다. 그리고는 양 손에 접시를 가득 들고 금새 나타나 테이블에 '척척'. 빠른 서비스에 치중해야 하는 점원들이 친절한 서비스까지 베풀었다면 약간의 동전을 팁으로 놓는 옛날 스타일 매너로 응답하자.

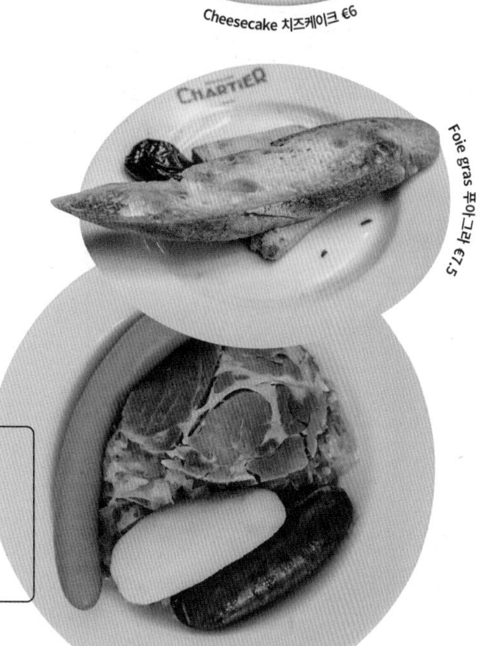

Foie gras 푸아그라 €7.5

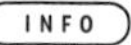
INFO

Ⓐ 7 Rue du Faubourg Montmartre, 75009 / Grands Boulevards 역에서 도보 1분
Ⓗ 매일 11:30~24:00
Ⓟ 오리구이 €10.6, 디저트 €3~4
Ⓜ Map → 5-B-2

Choucroute Alsacienne 알사스 지방 햄과 소시지 €10.8

Au Pied de Fouet
오 삐에 드 푸에

파리에만 지점이 세 개, 생 제르망 지역에 있는 본점은 150년 역사가 고스란히 느껴진다. 낮은 천장에 비좁은 내부는 아래, 위층으로 손님들이 몸을 테이블에 바짝 대고 앉아야 점원들이 그 뒤로 간신히 지나다닐 수 있다. 시골 가정식 같은 단출한 메뉴. 마요네즈를 얹은 삶은 달걀 샐러드와 같은 간단한 애피타이저는 '이런 걸 식당에서 돈 주고 먹어야 하나'라는 물음을 던지지만, 옆 손님과 어깨를 맞대 앉은 테이블 위로 "음~ 맛있네" 하는 현지인들의 대화가 심심찮게 들려 이내 고개를 끄덕이게 만든다.

Grande assiette de légumes et crudités de saison 계절 야채 샐러드 €9.9

INFO

Ⓐ 3 Rue Saint-Benoît, 75006 / Saint-Germain-des-Prés 역에서 도보 3분
Ⓗ 화~토 12:00~14:30/19:00~23:00, 일 휴무
Ⓟ 오리조림 €12.5, 렌틸 샐러드 €3, 퐁당 오 쇼콜라 €3
Ⓜ Map → 5-D-3

Bouillon Pigalle
부이용 피갈

피갈 지역은 현지인들이 가는 작은 콘서트장이 많아 저녁이 되면 생동감이 넘친다. 그에 반해 몽마르뜨 밑자락이라 관광지에 걸맞은 비싸고 별 볼일 없는 식당뿐이었던 이 곳. 얼마 전 저렴한 현지 전통식을 내세운 부이용 피갈이 문을 열자마자 인기 식당으로 등극한 건 너무나 당연한 일이다. 2층 규모의 널찍한 식당은 특히 저녁이 되면 순식간에 포화 상태. 부이용 샤띠에와 식당명도 메뉴도 비슷하지만 새로 생긴 식당이라 인테리어나 분위기는 더 밝고 신선하다.

Os à moelle 사골 €3.9

INFO

Ⓐ 22 Boulevard de Clichy, 75018 / Pigalle 역에서 도보 1분 Ⓗ 매일 12:00~24:00 Ⓟ 송아지 스튜 €12.5, 비프 부르기뇽 €9.8 Ⓜ Map → 7-F-2

⑤ L'Ange 20
랑쥬방

작고 아담한 사이즈의 전형적인 파리지앵 비스트로. 점심과 저녁시간 모두 근처에서 일하는 말끔한 복장의 회사원들이 많이 찾는다. 와인 셀렉션도 훌륭해 와인을 곁들인 저녁식사가 더 인기. 같은 오리고기, 생선 요리라도 신선한 재료부터 세심하게 신경 쓴듯한 플레이팅까지 요리사의 정성이 엿보인다. 모든 애피타이저(€10)와, 본식(€22), 디저트(€9) 각각의 가격이 동일한 것이 특징. 미슐랭이 추천하는 프렌치홈메이드 식당으로서 높은 구글평점을 꾸준히 유지하고 있다.

INFO

Ⓐ 44 Rue des Tournelles, 75004 / Chemin vert 역에서 도보 3분
Ⓗ 화~일 12:00~14:00/18:30~23:00, 월 휴무
Ⓟ 와인 한 잔 €3.5-€10 Ⓜ Map → 6-C-4

Boeuf Bourguignon 뵈프 부르기뇽(오늘의 점심) €13.9

Salade 5 Diamants 5 다이아몬드 샐러드 €12.5

⑥ Chez Gladines
셰 글라딘

프랑스 남서쪽의 바스크 음식점으로 특히 산악지방 식재료로 만든 샐러드와 샤퀴트리가 유명하다. 샐러드는 가벼운 음식이라고 생각하면 오산, 워낙 푸짐해서 한끼 식사용으로 과분할지도. 13구에 위치한 본점은 저녁시간이 되면 식당 안 팎으로 현지인들이 빼곡할 만큼 인기. 하지만 여행객이라면, 파리의 총 4개 지점 중 루브르 박물관과 노트르담 성당이 가까운 레알Les Halles 점을 추천한다. 예약없이 자리를 잡기 쉽고, 직원들도 친절하다.

INFO

본점
Ⓐ 30 Rue des cinq diamants 75013 / Place d'Italie 역에서 도보 6분
Ⓗ 매일 12:00~15:00, 19:00~23:45 Ⓜ Map → 9-F-1

레알점
Ⓐ 11bis Rue des Halles, 75001 / Châtelet 역에서 도보 1분
Ⓗ 월~토 12:00~23:30, 일 휴무
Ⓟ 모듬 샐러드 €10.5, 스테이크 류 €16~20 Ⓜ Map → 5-D-2

⑦ Le Bougainville
르 부강빌

파리에서 가장 화려한 파사쥬인 갤러리 비비엔느(p.108) 한편에 위치한 전혀 화려하지 않은 레스토랑. 50~60년대 스타일의 분위기는 다소 심심할지 몰라도 퀄리티 높은 육류와 훌륭한 맛에, 가족들이 소박하게 운영하고 있어 가격까지 합리적이다. 프랑스 시골 전채 요리인 테린Terrine과 프랑스 햄Jambon이 유명한 집. 메인 식사로는 퀄리티 좋은 비프 스테이크를 추천한다. 손님들의 90%가 현지인인 진짜 맛집인데, 프랑스어로 쓰인 칠판 메뉴가 유일한 난관.

INFO

Ⓐ 5 Rue de la Banque, 75002 / Bourse 역에서 도보 4분
Ⓗ 월~금 08:00~24:00, 토~일 10:00~24:00
Ⓟ 평일 점심 3코스 €19.5, 비프 스테이크 €24
Ⓜ Map → 5-B-3

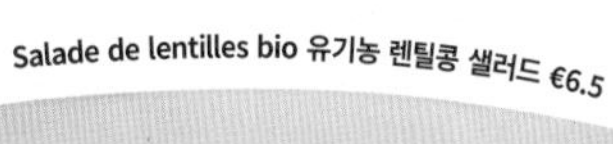

Salade de lentilles bio 유기농 렌틸콩 샐러드 €6.5

Pink Mamma 핑크 마마

Trendy Restaurants : 건강하게, 멋스럽게, 식상하지 않게

프랑스 사람이라고 맨날 프랑스 전통식만 먹으라는 법은 없다.
이색적이면서도 건강을 챙긴 요리, 내 집처럼 편안하면서도 내 집보다는 더 멋스러운 분위기의 식당들이 트렌드다. 기왕이면 SNS에 올리기 좋은 예쁜 플레이팅까지, 깐깐한 젊은 파리지앵들의 취향에 딱!

Pink Mamma
핑크 마마

요즘 파리에서 가장 핫한 인스타 맛집. 핑크 타일로 된 건물 어디에도 '레스토랑'이라는 단어는 없다. 오픈 시간 20분 전부터 젊은 현지인들이 길게 줄 서 있어 지나가는 이들의 궁금증을 자아낼 뿐. 4층 건물 전체가 핑크 마마 이탈리안 레스토랑, 각 층은 모두 '에덴의 동산'을 연상시킨다. 프랑스산이 더 뛰어나다는 육류를 제외하고 100% 이탈리아 재료로 만든 피자와 파스타에, 파리 어디에도 없는 독특한 분위기와 예쁜 접시에 나오는 음식에 반해 사진 세례 하기 바쁘다. 유리 천장과 통유리 벽으로 둘러 쌓인 꼭대기 층이 제일 핫하다.

INFO

Ⓐ 20bis Rue de Douai, 75009 / Pigalle 역에서 도보 4분
Ⓗ 월~금 12:00~14:15/18:45~22:45,
토/일 12:00~15:00/18:45~22:45
Ⓟ 피자 €12~18, 트러플 파스타 €18, 마마 스테이크 €16
Ⓜ Map → 7-F-3

Café Mareva 카페 마레바

꽃 모양 와플 위에 샐러드와 삶은 계란, 아보카도가 하모니를 이룬 예쁜 사진이 인스타에 퍼지며 파리 저 건너편에서도 찾아온다. 막상 와보면 작고 아담하다. 와플의 진실은 글루텐 프리 고구마 반죽, 언뜻 보면 채식 같지만 여기에 2-3유로만 얹으면 베이컨이나 연어를 추가할 수 있다. 디저트로는 밤 크림과 아몬드 가루, 비건 샹띠이 크림을 얹은 와플, 고프흐 뒤 모멍 Gaufre du moment (€7)을 추천한다.

INFO

Ⓐ 38 Rue du Faubourg du Temple, 75011 / Goncourt 역에서 도보 2분
Ⓗ 수~월 09:00~17:00, 화 휴무 Ⓟ 클래식 아보카도 와플 €11 Ⓜ Map → 4-A-3

Kozy Kanopé
코지 카노페

요일에 구애받지 않고 이곳 오픈시간이면 언제든 브런치를 즐길 수 있다. 아보카도 토스트(€11), 팬 케이크(€13), 연어 베네딕트(€13.5) 등 취향에 맞게 골라 나만의 브런치 완성. 커피, 스무디, 맥주, 칵테일 그 어느 것을 마셔도 어색하지 않은 쿨한 분위기, 플레이팅 또한 예뻐서 젊은층에게 인기다.
파리의 세 군데 지점 중 라파예뜨점은 갤러리 라파예뜨 백화점에서 도보 7분 거리니, 쇼핑 중 잠깐 들러 허기진 배를 채우고 지친 영혼을 달래보는 건 어떨까.

INFO

Ⓐ 46 Rue la Fayette, 75009 / Le Peletier 역에서 도보 1분
Ⓗ 월~금 08:00~15:00, 토/일 09:30~16:00 Ⓟ 평일 점심 €12-15, 칵테일 €8-11 Ⓜ Map → 5-A-3

Maison Plisson 메종 플리송

아침에는 따끈따끈한 빵과 커피 향이 가득하고, 오후에는 유기농 점심식사, 그리고 점심 이후에는 마른 햄과 치즈 플레이트를 곁들인 와인 한 잔 하기 좋은 곳. 두 개의 가게가 이웃해 있는데 하나는 제과점, 다른 하나는 치즈 가게와 정육점, 그리고 지하로 내려가면 와인과 잼, 초콜릿 등이 있어 마치 자그마한 식료품 백화점 같다. 직접 엄선한 식료품들을 농장에서 공수해와 매장에서 판매하고, 오늘의 요리로도 만들어 판매하는 형식. 매일 바뀌는 메뉴가 그야말로 신선한 서프라이즈다.

INFO

Ⓐ 93 Boulevard Beaumarchais, 75003 / Filles du Calvaire 역에서 도보 5분
Ⓗ 화~토 08:30~21:00, 일/월 09:30~21:00
Ⓟ 주말 브런치 뷔페 €29, 와인 한 잔 €5~9 Ⓜ Map → 6-C-3

Dames De Grandvelle 담 드 그랑벨

감각 있는 인테리어의 우아한 거실 분위기. 근처 사무실에서 일하는 지인은 점심시간에 그날 만든 맛깔스러운 식사를 빠르게 준비해줘서 자주 온단다. 브리오쉬와 두 종류의 바게트에 홈메이드 잼과 버터, 여기에 진하지 않은 필터 커피를 시작으로 샐러드와 에그포쉬, 고구마 프리타타, 각종 야채가 한 접시 가득. 그리고 마지막으로 두 종류의 디저트가 나왔던 브런치(€28)가 마음에 쏙 들었다. 테이블 사이를 조심스럽게 오가며 손님들을 살피는 주인 아주머니의 세심한 케어도 엿보인다.

INFO

Ⓐ 21 Rue de Rochechouart, 75009 / Cadet 역에서 도보 3분
Ⓗ 월~화 08:00~18:30, 수~금 08:00~02:00, 일 11:00~17:00, 토 휴무
Ⓟ 점심 2코스 €19, 디저트 €6 Ⓜ Map → 5-A-2

Tomy & Co. 토미 앤 코

송로 버섯, 농어, 오리 간 등 고급스러운 프랑스 식재료들은 젊은 셰프인 토미 구세 Tomy Gousset의 기발함을 거쳐 트렌디한 프렌치 요리로 재탄생했다 관광객들이 점령한 에펠탑 근방의 여느 유명식당들과는 달리 예나 지금이나 미식을 즐기는 동네 현지인 손님들이 더 많이 보이는 곳. 유기농 야채를 사용하여 계절별로 바뀌는 메뉴, 2020년 드디어 미슐랭 1스타를 받았다. 바쁜 와중에도 손님들의 테이블을 확인하며 와인 잔을 리필하고, 빈 접시를 바로 치우는 직원들의 철저한 서비스는 미슐랭 3스타급. 저녁은 홈페이지 예약 필수.

INFO

Ⓐ 22 Rue Surcouf, 75007/ La Tour-Maubourg 역에서 도보 5분
Ⓗ 월~금 12:30~14:00, 19:00~23:00, 토/일 휴무 Ⓤ www.tomygousset.com/tomy-and-co
Ⓟ 메인 식사 €34~, 3코스 메뉴 €65 Ⓜ Map → 8-C-1

Bontemps 봉떵

마레지구에 위치한 페이스트리 전문 까페. 로맨틱한 분위기의 인테리어가 돋보이지만, 신선한 계절 재료로 만든 품질 좋은 식사를 할 수 있어 점심과 브런치는 커플보다 가족 손님들에게 더 인기다. 식사 시간 외에는 봉떵이 자부하는 디저트와 함께 차를 즐길 수 있는 찻 집으로 운영. 일요일엔 접시 디자인부터 직접 짜낸 과일 주스, 음식의 퀄리티까지 신경 쓴 브런치(€45)를 즐길 수 있으니 예약은 최대한 빨리. 까페 바로 옆 집은 페이스트리 샵, 파리에서 제일 맛있다는 레몬 케잌과 쇼트브레드로 만든 신선한 과일 타트는 비쥬얼과 맛이 뛰어나 현지인들이 선물용으로 사가기도 한다.

INFO

Ⓐ 57 Rue de Bretagne, 75003 / Arts et Métiers 역에서 도보 5분
Ⓗ 수~일 10:00~19:30, 월/화 휴무 Ⓟ 차 €8~10, 타트 €12 Ⓜ Map → 6-B-2

Kodawari Ramen 코다와리 라멘

일본 미식에 관심 많은 프랑스인이 일본 라멘 고수들로부터 비법을 전수받아 오픈한 라멘 전문점. 닭고기 국물에 고기가 아낌없이 들어간 라멘의 가격은 13.5유로. 내부는 마치 일본의 선술집을 연상시켜 눈으로 즐기고 입으로 먹는 일본의 맛. 최근에 오픈한 2호점은 해물라면을 선보이며 일본 어시장을 그대로 옮겨 놓은 듯한 인테리어로 파리지앵들의 관심을 끄는데 성공했다. 프랑스 음식은 안 맞고, 그렇다고 한식도 싫다면, 파리에서 듣는 "이라샤이마세~"가 그렇게 반가울 수 없다.

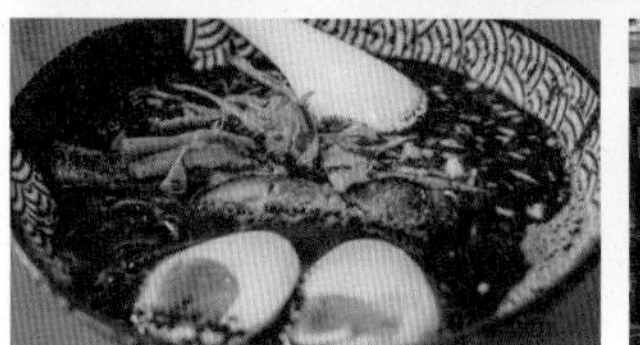

INFO

Ⓐ **1호점** 29 Rue Mazarine, 75006/ Odéon 역에서 도보 3분
2호점 12 Rue de Richelieu, 75001/ Palais Royal Musée du Louvre 역에서 도보 3분
Ⓗ 매일 11:45~23:00 Ⓟ 기린 맥주 €4, 유자 모히또 €5
Ⓜ **1호점** Map → 5-D-3 / **2호점** Map → 5-C-3

Le Perchoir Marais 르 뻬흐슈아 마레

Cocktail : 어느 멋진 날의 한 잔

멋진 순간들로 채우고 싶은 그런 날, 달콤 쌉싸름한 칵테일 한 잔이 빠질 수 없다.
그리고 지금 여기가 파리임을 부정할 수 없는 확실한 장소.
딱 한 가지 바람은, **'시간이 이대로 멈췄으면….'**

Le Perchoir Marais 르 뻬흐슈아 마레

TIP
특이하게 입구에서 신분증 검사를 하니 여권 혹은 학생증을 반드시 지참해야 한다.

파리 시청 바로 옆, 에펠탑이 보이는 캐주얼한 루프톱 바. 현지인들이 주 고객인 베아슈베BHV 쇼핑몰 옥상에 있는 이 바의 존재는 아는 사람이 귀띔해 주지 않으면 알 수 없다. 입구는 쇼핑몰 뒤편, 간판은 따로 없지만 항상 줄이 길어 헤매지 않아도 된다. 엘리베이터를 타고 옥상에 도착하자마자 드는 생각은 '이 좋은 곳을 왜 이제 왔나'. 바에 가서 음료를 시키고 직접 받아오는 셀프 서비스 시스템. 가장 먼저 에펠탑이 눈에 띄지만, 바로 앞에 보이는 시청 지붕이 이렇게 웅장할 줄은.

INFO
Ⓐ 33 Rue de la Verrerie, 75004 / Hôtel de Ville 역에서 도보 2분
Ⓗ 월~일 20:15~01:30 (동절기 일/월 휴무, 예약 불가)
Ⓟ 무알코올 칵테일 €8, 칵테일 €12~ Ⓜ Map → 6-A-3

Bar Hemingway 헤밍웨이 바

제1차 세계대전 당시 연합군의 일원이었던 헤밍웨이가 자주 와서 이름이 붙여진 헤밍웨이 바. 보석 상점들로 가득한 방돔 광장의 리츠Ritz 호텔 안 깊숙한 곳에 보물처럼 숨겨져 있지만 꽤 유명하다. 고전적이면서 기품이 느껴지는 분위기는 헤밍웨이가 드나들었던 1944년도와 크게 바뀌지 않았다. 가장 유명한 칵테일은 세렌디피티Serendipity, 아니면 헤밍웨이처럼 마티니 한 잔. 호텔을 나서자마자 보이는 우아한 방돔 광장은 고요하고, 이를 밝히는 은은한 밤 조명은 보석보다 화려하다.

INFO
Ⓐ 15 Place Vendôme, 75001 / Opéra 역에서 도보 5분
Ⓗ 화~토 18:00~02:00 (예약 불가), 월/일 휴무
Ⓟ 칵테일 €32~ Ⓜ Map → 5-B-4

3 La Terrasse du Raphael
라파엘 호텔 테라스 바

1년 365일 붐비지 않는 날이 없는 에펠탑과 개선문을 고즈넉하게 바라볼 수 있는 프라이빗한 장소. 개선문에서 불과 몇 발자국 거리의 스몰 럭셔리 호텔(p.128) 옥상에 위치한 아담한 테라스에서는 이 두 명소가 모두 보인다. 소수의 투숙객들을 위한 지극히 사적인 공간 같지만 비 투숙객들도 전화 혹은 홈페이지 예약을 통해 이용 가능. 볕 좋은 낮, 파란 하늘 아래서 에펠탑을 바라보며 마시는 칵테일 한 잔, 개선문의 옆 태는 어찌나 아름다운지.

INFO

Ⓐ 17 Avenue Kléber, 75116 / Charles de Gaulle Étoile 역에서 도보 2분 Ⓗ 5~9월 사이에만 오픈 12:00~22:00 (예약 권장) Ⓟ 무알코올 칵테일 €24, 칵테일 €29 Ⓤ www.raphael-hotel.com Ⓜ Map → 8-B-2

4 Terrass Hotel Rooftop bar 테라스 호텔 루프톱 바

몽마르뜨 언덕 밑 자락 4성급 호텔 7층 옥상에 위치, 에펠탑 포함 파리 시내 전체가 한 눈에 들어오는 전망을 자랑한다. 여름에는 탁 트인 테라스가 고급스러운 분위기, 겨울에는 유리로 덮어 캐쥬얼하면서도 아늑하다. 계절에 구애 받지 않고 오후 3시부터 예약없이 이용할 수 있어 편리. 간단한 안줏거리도 있어 오래 머물기도 좋다. 조금 깐깐하게 굴자면, 칵테일 맛이 되게 훌륭하지는 않은 편. 하지만 가격과 분위기, 전망까지 따지면 가볼 만한 가치가 충분히 있다.

INFO

Ⓐ 12-14 Rue Joseph de Maistre 75018 / Blanche 역에서 도보 6분 Ⓗ 매일 15:30~24:00 Ⓟ 칵테일 €17, 무알코올 칵테일 €10 Ⓜ Map → 7-E-3

5 Hôtel de l'Abbaye
아베이 호텔 정원 바

넝쿨이 기교를 부리며 올라탄 오래된 벽, 조그마한 분수대에서 '졸졸졸' 흐르는 물 소리가 리드미컬한 신비로운 느낌의 안뜰. 마치 잡지에서나 본 듯, 파리 느낌 짙은 이 공간은 4성급 작은 호텔(p.130) 안에 들어가야만 발견할 수 있다. 날씨 좋은 날은 녹음이 푸르른 안뜰, 비가 오면 유리로 천장까지 덮힌 실내 테라스, 고풍스러운 로비까지 모두 편안한 느낌. 현지인들도 잘 모르는 곳이라 호텔 투숙객이 아니고서는 거의 이용하지 않아 언제나 조용해서 좋다.

INFO

Ⓐ 10 Rue Cassette, 75006 / Saint-Sulpice 역에서 도보 2분 Ⓗ 매일 07:00~23:30 Ⓟ 무알코올 칵테일 €15, 칵테일 €18 Ⓜ Map → 5-E-3

6 Le Georges
르 조흐쥬

르 조흐쥬에서 노트르담 성당과 에펠탑을 바라보며 마시는 칵테일 한 잔. 테이블마다 꽂혀 있는 빨간 장미 한 송이가 매혹적인 분위기를 더해준다. 주로 예술가들이나, 예술에 조예가 깊은 사람들이 특별 전시회 관람을 목적으로 찾는 퐁피두 현대 미술관(p.065) 옥상에 자리하다 보니, 전시회보다 관심을 덜 받고 있는 것 같아 안타까운 곳. 밖에서도 훤히 보이는 야외 테라스보다 실내의 통유리를 통해 보이는 뷰가 훨씬 멋지다는 사실을 아마 모르기 때문일지도.

INFO

Ⓐ Palais Beaubourg, Place Georges Pompidou, 75004 / Rambuteau 역에서 도보 2분 Ⓗ 수~월 12:00~23:30, 화 휴무 Ⓟ 칵테일 €12~, 맥주 €8 Ⓜ Map → 6-A-3

TIP

퐁피두 전시회 티켓을 구입하지 않고도 건물 밖 중앙 입구 옆의 르 조흐쥬 전용 엘리베이터를 이용해서 옥상으로 올라갈 수 있다.

Les Berthom 레 베르통

EAT UP 7

Craft Beer : 파리는 지금 수제 맥주 열풍?

대부분의 수제 맥주점들은 파리의 트렌드를 가장 빠르게 따라가는 파리 북동쪽에 위치해 있다.
관광지를 벗어나 젊은 부르주아 보헤미안들이 많이 살고 있는 동네를 볼 수 있는 좋은 기회.
맥주를 좋아하지 않더라도 각 맥주점마다 무알코올 음료도 있으니 분위기에 취해보는 것도 좋다.

INTERVIEW

PROFILE

Florian

Ⓝ 플로리앙
Ⓙ Micro Brasserie Balthazar 창업주

대형 회사들이 프랑스 맥주 시장을 점령하면서 제한적인 퀄리티에 맥주 맛도 획일화되기 시작했습니다. 와인에 비해 맥주는 맛이 다 거기서 거기라는 관념이 존재하게 된 배경이죠. 하지만 5~6년 전부터 작은 양조장에서 퀄리티에 심혈을 기울여 생산된 맥주를 판매하는 전문점들이 눈에 띄게 생겨났고, 맥주도 와인처럼 개성 있고 맛이 다양할 수 있다는 인식이 서서히 자리잡고 있습니다.

기존에 맥주를 좋아하던 사람들이 파리에 하나 둘씩 생겨나고 있는 수제 맥주점을 탐험하듯 찾아 다니고, 맥주를 좋아하지 않는 사람들도 호기심에 시도하는 경우가 많아요. 아직 프랑스는 수제 맥주에 대해 알아가고 있는 단계라고 생각합니다.

수제 맥주는 일반 맥주보다 가격이 조금 높다 보니, 주 고객층은 경제적으로 더 여유로운 30대 이상들이 많아요. 하지만 어린이를 데리고 오는 부모들도, 어르신들도 환영입니다. 맥주를 즐기는 장소는 남녀노소, 문화, 인종을 막론하고 모두에게 열려있는 자리여야 합니다.

파리 수제 맥주점 즐기기

STEPS 1. 메뉴 보는 법.

외국인들이 가장 두려워하는 칠판 메뉴. 맥주 종류가 주기적으로 조금씩 바뀌기 때문이다. 현지인들에게도 생소한 맥주 이름들이 많다 보니 또박또박 알아보기 쉬운 필체로 적혀있어 그나마 다행. 보통 맥주 이름, 양조장 이름, 발효 방법에 따른 맥주 종류, 알코올 도수 그리고 잔 사이즈별 가격이 순서대로 적혀 있다. 각 맥주 이름 앞에 순서대로 적힌 번호로 주문하면 훨씬 더 쉽다.

STEPS 2. 발효 방법에 따른 맥주 종류

STEPS 3. 안주는 뭐 시키지?

종류가 많지 않다. 각 맥주 전문점마다 기본적으로 치즈와 샤퀴트리(말리고 절인 베이컨 혹은 햄)가 쁠랑슈Planche(얇은 판)에 얹어져, 바게트와 함께 나온다. 현지인들은 안주 없이 맥주만 마시는 경우가 더 많다.

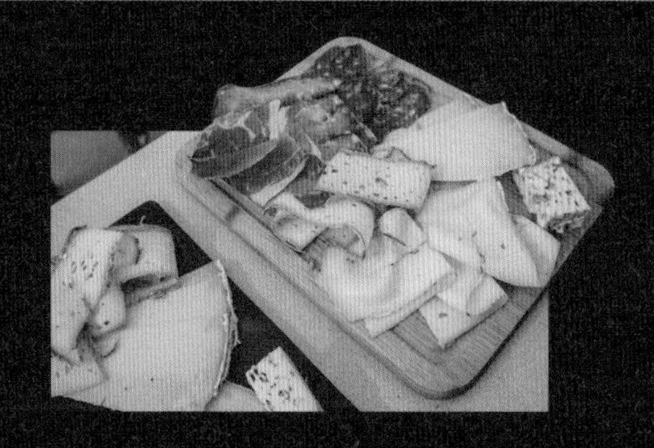

Planche Fromage 쁠랑슈 프호마쥬 : 여러 종류의 치즈가 나온다.
Planche Charcuterie 쁠랑슈 샤큐트리 : 여러 종류의 샤큐트리가 나온다.
Planche Mixte 쁠랑슈 믹스뜨 : 치즈와 샤큐트리가 골고루 섞여 나온다.

1

Micro Brasserie Balthazar
미크로 브라스리 발타자

이른 저녁부터 파리지앵들로 인산인해를 이루는 테라스 바가 가득한 메닐몽땅 가에 위치해 있다. 현지인들의 분위기를 한껏 느끼기 좋은 장소. 소규모 양조장에서 보급 받는 맥주의 맛은 훌륭하고, 외에 자체 생산 맥주인 발타자Balthazar(€3.5/25ml) 역시 맛과 향이 부드럽다. 맥주를 마시지 않는 사람들을 위해 준비한 진저 비어Ginger Beer와 요즘 유럽에서 핫한 발효탄산차인 꼼부차Kombucha는 모두 홈메이드. 12.5ml 잔에 나오는 다섯 가지 혹은 아홉 가지 수제 맥주를 맛 볼 수 있는 걀로빵Gallopains(€11/€19)을 추천한다.

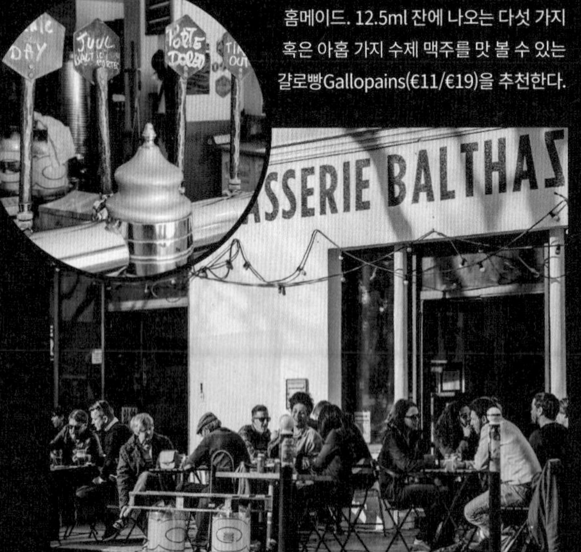

INFO

Ⓐ 90 Boulevard de Ménilmontant, 75020 / Ménilmontant 역에서 도보 3분 Ⓗ 월~토 17:00~01:00, 일 17:00~23:00
Ⓜ Map → 4-B-3

2

La Fine Mousse
라 핀 무스

수제 맥주의 열풍이 일어난 건 2012년 라 핀 무스가 등장하면서부터다. 차도 사람도 잘 다니지 않는 골목길에 유난히도 많은 사람들이 서서 맥주 잔 하나씩을 든 채 왁자지껄한 분위기를 연출한다. 전 세계 소규모 양조장에서 온 20가지 수제 맥주에 번호가 매겨져 있어 주문은 어렵지 않다. 1~6번은 클래식한 가벼운 맥주, 뒤로 갈수록 도수가 높아지고 17번부터는 구하기 힘든 것들. 25ml 크기는 €3.5~7, 50ml 크기는 €6~13. 맞은 편 La Fine Mousse 레스토랑에서는 맥주와 잘 어울리는 식사를 할 수 있다.

INFO

Ⓐ 6 Avenue Jean Aicard, 75011 / Ménilmontant 역에서 도보 5분
Ⓗ 매일 17:00~02:00 Ⓜ Map → 4-B-3

3 Paname Brewing Company
빠남 브루윙 컴퍼니

화창한 오후, 맛 좋은 맥주로 기분 내고 싶은 날 여기만 한 곳이 없다. 그것도 <메이드 인 파리> 맥주로 말이다. 19세기 곡물 창고였던 곳에서 맥주를 제조할 기발한 생각은 왜 이제서야 나왔을까. 때때로 바뀌는 생맥주 외에 직접 개발한 병 맥주, 캔 맥주도 다양. 식사 시간에만 파는 피자, 햄버거, 스낵은 모두 맥주와 궁합도 볼 필요 없는 안주감들. 물가에 떠 있는 듯한 테라스, 뻥 뚫린 뷰를 보고 있으면 머릿속이 다 맑아지는 기분이다. 국적이 다양한 힙스터들이 많은 사는 동네라 프랑스어보다 영어가 더 많이 들릴 때도 있다.

INFO

Ⓐ 41 bis Quai de la Loire, 75019
Ⓗ 매일 11:00~02:00, 점심시간 12:00~15:00, 저녁시간 18:30~23:00
Ⓜ Map → 3-A-1

4 Les Berthom
레 베흐똥

트렌드에 따라 최근에 문을 연 다른 수제 맥주점과 달리 1994년 문을 열어 현재까지 프랑스에만 열 개가 넘는 체인점이 있다. 그 중 파리 지점이 가장 마지막인 2018년에 오픈했다. 바에 가서 직접 주문하는 방식이 아니라 서빙하는 점원이 따로 있어 주문하기는 더 편하지만 '동네 바'에서만 느낄 수 있는 정겨움은 덜하다. 넓은 내부, 테라스 자리도 많고 메뉴의 선택폭도 넓다. 생 마르땅 운하(p.028)와 가깝고, 주변 지역은 레스토랑과 바들이 많아 하루 종일 활기가 넘친다.

INFO

Ⓐ 35 Boulevard Voltaire, 75011 / Oberkampf 역에서 도보 1분
Ⓗ 화~토 17:00~02:00, 일/월 17:00~01:00
Ⓜ Map → 4-A-3

Le Caveau de la Huchette 르 까보 드 라 위셰트

Live Music : 술에 취해, 음악에 취해

붉은 조명으로 물든 밤, 낭만만이 남아있다.
파리의 아름다움이 절정에 이르는 순간, 깊숙한 어딘가에서 새어 나오는 라이브 뮤직.
이름 모를 뮤지션들의 열정과 음악이 쥐어 짜낸 감정들은 흥이 되어 달아오르고,
술 한 모금에 이토록 취할 수 있을까.
같은 공간에 있는 사람들에게서 느껴지는 묘한 동질감은 10년이 넘는 외국 생활에도
쉽게 떨쳐지지 않는 이방인의 기분을 잠시 잊게 해준다.

옷차림은?
캐주얼하게. 오히려 너무 차려 입으면 어색하다.

홀로 여행 중이라면?
음악과 어둠에 파묻혀 전혀 뻘쭘하지 않다.

나이 제한?
없다. 아이들도, 연세 지긋한 부모님들도 음악에 취하기 좋은 곳.

술을 마시지 못한다면?
메뉴에는 무알코올 음료가 항상 있다.

어떤 음악?
주로 재즈. 정확한 공연 일정은 각 장소의 홈페이지에서 확인.

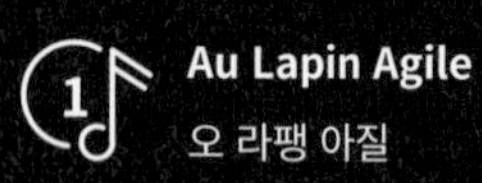

1 Au Lapin Agile
오 라팽 아질

낮에 보면 앙드레 아질이 그린 익살스러운 투끼(프랑스어로 '라팽') 그림이 걸려 있는 옛스러운 집일 뿐이다. 그런데 밤 9시, 문이 열리는 순간 피카소가 살았던, 에디트 피아프가 노래했던 몽마르뜨의 황금기가 펼쳐진다. 어둡고 작은 공간에 빙 둘러 앉아, 피아노 선율에 맞춰 가수들의 20~60년대의 샹송을 따라 여기저기서 옛 추억을 떠올리며 떼창하는 분위기. 노래 가사는 몰라도 시작부터 분위기에 흠뻑 취해 물개 박수로 환호하고, "오~샹젤리제~", "빠담빠담~" 아는 노래가 나와 몇 구절을 목 놓아 따라 부르기 시작. 시간이 지날수록 뭔가에 홀린 듯 빠져든다. 특히 체리주(€6) 한 잔 마시며 들은 아코디언 연주는 잊을 수 없다.

INFO
Ⓐ 22 Rue des Saules, 75018 / Lamarck - Caulaincourt 역에서 도보 4분
Ⓗ 화/목~토 21:00-01:00, 월/수/일 휴무 Ⓟ 입장료 €35 (음료 한 잔 포함), 술 €5, 무알코올 음료 €3
Ⓤ au-lapin-agile.com Ⓜ Map → 7-D-2

2

3

Le Caveau des Oubliettes
르 까보 데 우블리에뜨

노트르담 성당에서 몇 걸음 떨어지지 않은 이곳은 12세기 감옥이었다. 중죄를 지은 사람들이 고문을 당하기도 했던 끔찍한 장소는 이제 악기 소리가 흥겹게 울려 퍼지는 라이브 바로 변신. 요일에 따라 재즈, 블루스, 펑키 음악 등 다양한 종류의 콘서트가 좁은 지하 공연장을 달군다. 공연은 21시 30분에 시작하니, 해피 아워가 끝나는 21시 전에 가서 주인이 담근 바나나 파인애플 럼(€5)으로 흥을 슬슬 돋우는 것도 좋은 방법. 중세시대 감옥에서 즐기는 콘서트라니, 지하 공연장으로 내려가는 계단부터가 섬뜩하다.

INFO

Ⓐ 52 Rue Galande, 75005 / Saint-Michel 역에서 도보 2분
Ⓗ 수~일 17:30~03:00, 월/화 휴무
Ⓟ 입장료 무료, 음료 주문 필수, 와인 €5~6
Ⓤ www.caveau-des-oubliettes.com
Ⓜ Map → 5-E-2

Le Caveau de la Huchette
르 까보 들 라 위셰뜨

영화 <라라랜드>의 도입부에 등장하며 인기몰이를 하고 있지만, 그렇게만 알고 있으면 서운하다. 1946년 생긴 파리의 첫 재즈 클럽이자 클로드 볼링, 빌 콜맨 등 세계적으로 유명한 재즈인들이 거쳐간 곳. 500년이 넘은 건물 안 벽은 수많은 재즈인들의 사진이 장식하고 있다. 음료 한 잔 사들고 지하로 내려가면 펼쳐지는 광경은 무엇을 상상했든 그 이상. 수준급의 재즈 음악은 배경일 뿐, 짝을 지어 격렬하게 춤을 추는 사람들에게서 눈을 뗄 수가 없다.

INFO

Ⓐ 5 Rue de la Huchette, 75005 / Saint-Michel 역에서 도보 1분
Ⓗ 일~목 21:00~02:30, 금/토 21:00~04:00
Ⓟ 일~목 입장료 €14, 금/토 입장료 €16
Ⓤ www.caveaudelahuchette.fr
Ⓜ Map → 5-E-2

Sunset Sunside
선셋 선사이드

80년대 파리에 재즈가 인기를 끌며, 파리 롱바르 거리Rue des Lombards에는 재즈 클럽들이 생기기 시작했다. 그 중 가장 먼저 문을 연 선셋 선사이드. 겉에서 보면 그냥 테라스가 있는 바 같지만, 지하에는 재즈 클럽, 위층에는 주로 로큰롤 콘서트가 열린다. 월요일과 일요일엔 공연이 무료, 음료 구매(10유로 이하) 필수. 공연도 보고, 흥에 겨우면 춤도 추고, 파리에서는 클럽이 따로 필요 없다. 홈페이지에서 공연 스케줄을 확인하고 유료 공연은 예약 권장. 저녁 6시 30분부터 현장 구매도 가능하다.

INFO

Ⓐ 60 Rue des Lombards, 75001 / Châtelet 역에서 도보 2분
Ⓟ 매일 공연, 유료 공연 입장료 €20~28
Ⓤ www.sunset-sunside.com
Ⓜ Map → 5-D-2

38 Riv
38 리브

파리에서 가장 파리스러운 마레지구에서 후회 없는 밤을 보내고 싶다면, 바로 이곳의 문을 두들겨라. 13세기의 와인 저장소가 칵테일이 맛있는 재즈 클럽으로 변신한 것은 완벽한 무죄. 브라질리언 보사노바, 클래식 악기 연주, 그리고 여러 뮤지션들이 즉흥적으로 서로의 리듬에 맞추어 연주하는 잼 세션까지 프로그램이 다이내믹하다. 홈페이지의 공연 일정에서 <Jam Session> 표시가 있으면 입장료가 무료. 단, 필수로 주문해야 하는 첫 음료에 4유로를 추가로 지불한다. 공간이 협소하니, 놓치고 싶지 않은 콘서트가 있다면 예약 권장.

INFO

Ⓐ 38 Rue de Rivoli, 75004 / Hôtel de Ville 역에서 도보 4분
Ⓗ 월~목 20:00~24:00, 금/토 20:00~02:00, 일 16:30~19:00
Ⓤ www.38riv.com
Ⓟ 콘서트 : €15~25, 잼 세션 : 첫 음료 가격 + €4
Ⓜ Map → 6-A-4

4

5

01

FLEA MARKETS : 벼룩시장에서 보물찾기

02

LOCAL MARKETS : 파리지앵들의 식탁을 책임지는 로컬 시장

[THEME]

SECRET PASSAGES : 파사쥬, 19세기 쇼핑 거리의 화려한 부활

[THEME]

COURSES : 파리에서 배우는 독특한 클래스

03

VINTAGE SHOPS : 오래될수록 멋지다, 빈티지 숍

04

PARISIAN PERFUME : 한국에는 없는 프랑스 니치 향수

[THEME]

DELICIOUS MADELEINE : 마들렌 광장의 맛있는 재발견

[THEME]

FRENCH WINE : 파리에서 와인 구매하기

05

MADE IN FRANCE : 이보다 더 '프랑스'스러운 건 없다

06

PHARMACY : 안 사면 후회하는 약국 화장품 쇼핑

07

SUPERMARKET : 알뜰한 선물, 슈퍼마켓 쇼핑 가이드

Les Puces de Saint-Ouen 생투앙 벼룩시장

LIFE STYLE & SHOPPING

'프렌치 시크'라는 단어는 아마도 파리지앵들의
독특한 라이프 스타일에서 비롯된 말인지도 모른다.
현지인들의 일상에서 발견하는 도시의 진짜 매력. 파리에서 무엇을
사야 할지 망설여진다면, 그들의 삶과 감각을 엿볼 수 있는 곳들을
천천히 둘러본 후에 결정해도 늦지 않다.

a.

Puces d'Aligre
알리그흐 벼룩시장

어디 하나 모자란 것이 없음에도 파리에서 가장 덜 알려진 벼룩시장. 별 매력이 없어 보이는 알리그흐 광장에는 월요일을 제외하고 벼룩시장과 재래시장이 동시에 열리는 진풍경이 벌어진다. 어쩌다 주인이 한 명 나타날까 말까 한 골동품보다는 일상 생활에 필요한 물건들이 대부분. 프렌치 감성이 묻어나는 접시나 찻잔 세트에 자꾸 눈이 가고, 아마 찬장에 고이 모셔놓고 크리스마스 때나 꺼내 썼을 고급 수저 세트가 그나마 사치품. 우표, 미니어처 같은 수집품들과 전통이 깃든 장식품들, 집에 당장 걸 수 있는 그림, 아프리카 나무 조각품도 있으니 작아도 벼룩시장으로서 갖출 건 다 갖췄다.
알리그흐 광장을 가로지르는 알리그흐 거리에는 동네 재래시장이 활기를 더 하고, 광장 한편에 보잘것없어 보이는 건물 안에는 실내시장(Marché couvert Beauvau)이 또 한 번 생동감을 자아낸다. 광장을 둘러싸고 있는 건물들도 하나 같이 못나 보이지만 그 밑을 채우고 있는 식당, 카페, 식료품점 모두 현지인들을 만족시키는 훌륭한 수준. 광장 한편의 노천 카페에 앉아 현지인들의 일상을 바라보는 재미는 어찌나 쏠쏠한지.

Ⓐ Place d'Aligre, 75012 / Ledru-Rollin 역에서 도보 5분
Ⓗ 화~일 08:00~13:00, 월 휴무
Ⓜ Map → 4-A-4

Marché aux Puces

세기를 잇는 벼룩시장

남이 썼던 흔적이 역력한 물건들은 오래 되어서 가치 있고 낡아서 멋스럽다. 더 이상 발행되지 않는 화폐나 기념 우표를 찾는 수집가들이 자연스레 허리를 굽히고, 진품명품을 볼 줄 아는 전문가들이 안경을 고쳐 쓴다. 누군가에겐 더 이상 쓸모 없어진 물건들에 새 생명을 불어넣는 사람들. 오늘날의 파리지앵들은 그렇게 과거와 소통한다.

* 'Marché aux Puces마흐셰 오 쀠스'는 프랑스어로 벼룩시장 이라는 뜻

Puces de Vanves 방브 벼룩시장

Tip. 사람들이 많은 주말 오전이 가장 역동적이지만, 평일에도 사람들이 적을 뿐 문 여는 상점들은 똑같다.

TIP

가격은 흥정을 하는 게 좋지만, 그렇다고 가격을 너무 깎다 보면 장사꾼이 어이없는 표정을 지으며 그냥 가라는 손짓을 할 수도 있다.

NEARBY

Marché d'Aligre (Marché Beauvau)
알리그흐 재래시장 (p.107)

벼룩시장이 작지만 알차듯, 재래시장이 열리는 알리그흐 거리 Rue d' Aligre 역시 비좁고 짧지만 신선한 식재료들이 다양하다. 실내 시장의 가게 간판에서는 옛 분위기가 묻어난다.

(실내 시장)
Ⓐ place d'Aligre – 75012 / Ledru-Rollin 역에서 도보 5분
Ⓗ 화~금 09:00~13:00/16:00~19:30, 토 09:00~13:00/15:30~19:30, 일 09:00~13:30, 월 휴무 Ⓜ Map → 4-A-4

Shop in Place d'Aligre

Aux Merveilleux de Fred
오 메흐베이여 드 프레드

프랑스 북부에 고장을 둔 머랭 전문점. 달걀 흰자에 거품을 내어 오븐에 구워 만든 머랭을 가볍고 잘잘한 크림 부스러기로 감싸 예쁘기까지 하다.

Ⓐ 12 Place d'Aligre, 75012/ Ledru-Rollin 역에서 도보 5분
Ⓗ 화~토 07:30~20:00, 일 07:00~19:00, 월 휴무
Ⓜ Map → 4-A-4

Le Baron Rouge
르 바홍 루즈

알리그르 광장에서 몇 걸음 거리.한 잔에 2.5유로부터 하는 와인은 셀렉션이 훌륭하기로 소문이 자자하다. 주로 서서 마시는 소탈한 와인 바.

Ⓐ 1 Rue Théophile Roussel, 75012 / Ledru-Rollin 역에서 도보 4분 Ⓗ 월 17:00~22:00, 화~금 10:00~14 :00 / 17:00~22:00, 토/일 10:00~22 :00 Ⓜ Map → 4-A-4

Le Pain au Naturel
르 빵 오 나뛰렐

유기농 빵집 체인점. 일반 빵집보다 20~30센트 비싸긴 하지만 그럼에도 손님이 끊이지 않는 이유는 맛도 일품이기 때문.

Ⓐ 5 Place d'Aligre, 75012 / Ledru-Rollin 역에서 도보 4분
Ⓗ 화~토 06:30~20:00, 일 06:30~14:00, 월 휴무
Ⓜ Map → 4-A-4

Les Puces de Saint-Ouen
생뚜앙 벼룩시장

15개의 시장들로 이루어진 유럽 최대의 벼룩시장. 5유로짜리 옷더미를 뒤적이는 사람들부터 고가의 골동품을 유심히 보는 이들까지, 사람들도 찾는 물건도 제 각각이다. 규칙 없어 보이는 골목길은 들어가다 보면 길을 잃을 수 있지만 눈에 닿는 모든 것들이 신기방기 하니 한나절을 헤매도 좋다.

Ⓐ 93400 Saint-Ouen / Porte de Clignancourt 역에서 도보 6분
Ⓗ 월 10:00~17:00, 토 09:00~18:00, 일 10:00~18:00 Ⓜ Map → 7-D-3

생뚜앙 벼룩시장 내 추천 시장

Marché Vernaison
베흐네종 시장
1920년 문을 연 이래 세월이 꽤 흘렀음에도 오래 전 모습을 가장 잘 간직하고 있다. 옛날 장난감, 유리 잔, 앤티크 자전거, 신기한 소품들이 가득한 그야말로 보물창고.

Marché Dauphine
도핀 시장
생뚜앙에서 가장 큰 시장 중 하나. 17-18세기 앤티크 물건들과 가구들, 2층에는 빈티지 레코드판과 데코 아이템도 신기하지만 유리 천장으로 덮여 있는 독특한 구조의 건축물도 매력적이다.

Marché Paul Bert Serpette
뽈베흐 세흐뻬뜨 시장
줄리아 로버츠도 다녀갔다는 고가의 가구들과 고풍스러운 인테리어를 위한 장식품을 판매하는 시장. 생뚜앙에서 가장 시크한 분위기에 시크한 가격대를 자랑한다.

Marché Biron
비롱 시장
마치 독립 벼룩시장처럼 테마 없이 시대를 거스르는 장식품, 가구, 그림, 액세서리 등 다양한 물건들이 있다고는 하는데, 실제로는 고가의 예술작품과 그림들이 특히 많이 보인다.

RECOMMEND

Le Voltaire 르 볼테어 (레스토랑)

생뚜앙 벼룩시장 안에서 아직까지 르 볼테어만큼 맛과 가격이 정직한 식당은 찾지 못했다. 점심 2코스 세트가 16.6유로. 샐러드, 감자튀김과 함께 한 접시에 푸짐하게 나오는 수제 버거는 필자가 가장 좋아하는 메뉴. 손님들이 많아 지칠 만도 한데, 점원들은 언제와도 친절하다.

Ⓐ 93 Rue des Rosiers, 93400 Saint-Ouen / Porte de Clignancourt 역에서 도보 7분
Ⓗ 월 08:00-18:00, 목/금 08:00-15:00, 토/일 12:00-19:00, 화/수 휴무
Ⓜ Map → 7-D-3

Puces de Vanves
방브 벼룩시장

거리에 길게 늘어선 물건들은 군더더기 없이 하나같이 아날로그 감성이 묻어난다. 아마 한국인들이 상상하는 벼룩시장의 모습에 가장 가깝지 않을까 싶다. 오래된 필름 카메라, 박물관에서나 볼 듯한 축음기, 앤티크한 가구들도 적당히. 옛날에 팔던 장난감 자동차는 뜯지 않은 새 제품도 있고, 영국에서 건너온 접시는 새 것인지 헷갈릴 정도. 지하철역에서 가깝고, 고개를 양쪽으로 돌리며 직진만 하면 되니 길 잃을 염려도 없고. 점심 12시쯤 파장 분위기라 깔끔하게 오전 시간 스케줄로 잡기 좋다. 주변에 괜찮은 식당은 없지만, 시장 중간쯤에 크렙과 커피를 파는 부스가 하나 있다.

Ⓐ 14 Avenue Georges Lafenestre, 75014 / Porte de Vanve 역에서 도보 1분
Ⓗ 토/일 07:00~14:00 Ⓜ Map → 9-F-4

Marché aux puces de la porte de Montreuil
몽트러이 벼룩시장

파리의 3대 벼룩시장이라는 타이틀을 달고 있지만, 규모 면에서만 순위 안에 들 뿐 생각했던 벼룩시장이 아니라 실망할 수도. 지하철역에서 시장까지 가는 길은 외부 순환도로가 지나 복잡하기도 하지만 한국에서는 보기 드문 야바위로 사기를 치는 무리들도 보인다. 시장에서 파는 물건들은 주로 5유로 짜리 벨트, 10유로 짜리 옷과 신발, 저렴한 주방용품들. 빠듯한 주머니 사정을 걱정하지 않아도 되는 생필품들을 구할 수 있어 파리와 근방에 사는 현지인들이 주로 찾는다.

Ⓐ Avenue du Professeur André Lemierre, 75020 /
Porte de Montreuil 역에서 도보 7분
Ⓗ 토~월 07:00~19:30 Ⓜ Map → 4-C-4

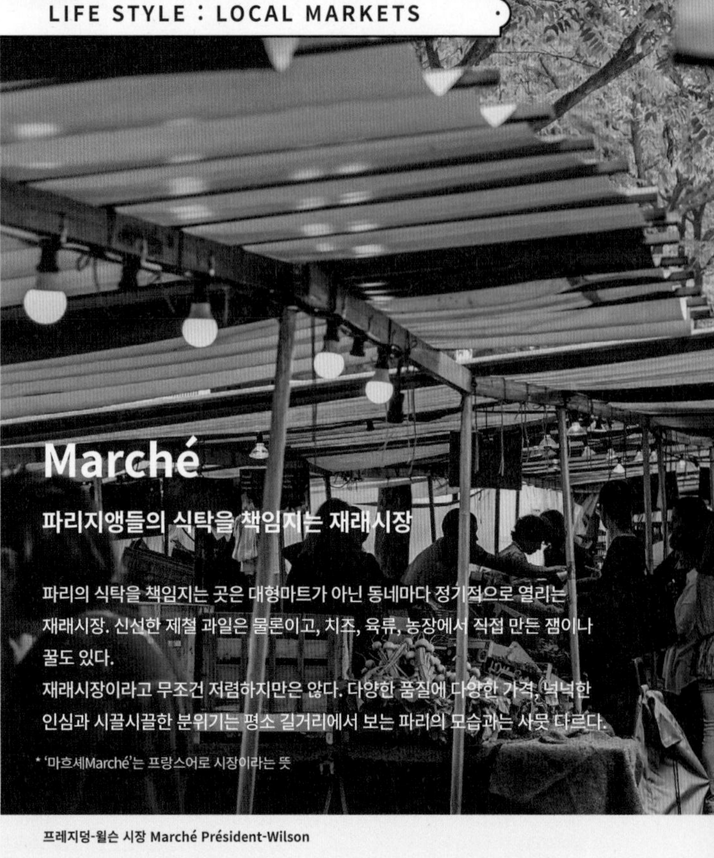

Marché

파리지앵들의 식탁을 책임지는 재래시장

파리의 식탁을 책임지는 곳은 대형마트가 아닌 동네마다 정기적으로 열리는 재래시장. 신선한 제철 과일은 물론이고, 치즈, 육류, 농장에서 직접 만든 잼이나 꿀도 있다.
재래시장이라고 무조건 저렴하지만은 않다. 다양한 품질에 다양한 가격, 넉넉한 인심과 시끌시끌한 분위기는 평소 길거리에서 보는 파리의 모습과는 사뭇 다르다.

* '마흐셰Marché'는 프랑스어로 시장이라는 뜻

프레지덩-윌슨 시장 Marché Président-Wilson

a.

Marché Bastille
바스띠유 시장

Ⓐ 8 Boulevard Richard Lenoir, 75011
Ⓗ 목/일 07:00~14:30
Ⓜ Map → 4-A-4

b.

Marché Président-Wilson
프레지덩-윌슨 시장

Ⓐ Av Président-Wilson, 75016
Ⓗ 수/토 07:00~14:30
Ⓜ Map → 8-B-2

c.

Marché Monge
몽쥬 시장

Ⓐ Place Monge, 75005
Ⓗ 수/금/일 07:00~14:30
Ⓜ Map → 5-F-1

ⓐ 파리에서 열리는 가장 큰 재래시장 중 하나. 너무 저렴한 물건만 있지도 그렇다고 유기농에만 치우쳐 있지도 않은 파리의 평균적인 수준이라 가장 추천한다. 무엇보다도 다른 시장보다 훌륭한 치즈들이 많은 점이 현지인들에게는 크나 큰 매력. 한국에서는 귀하지만 유럽에서는 흔한 납작복숭아 등의 과일과 아티초크 등의 야채, 와인에 곁들이기 좋은 건조 햄과 치즈, 구경만으로도 재미지다. 오븐에 구운 감자와 통닭, 라자냐와 빠에야 등 필자의 동네에서 열리는 시장보다 군것질 거리가 많아 종종 버스타고 찾아기도 한다.

ⓑ 파리 16구 팔레 드 도쿄 앞 부촌에 열리는 이곳은 파리 최고급 재래시장. 시장에 '고급'이라는 수식어가 낯설지만 백화점보다 한 단계 업그레이드된 식료품과 농수산물들을 구할 수 있다. 고급 레스토랑에서 쓰고 남은 재료들을 갖고 나와 팔기도 한다. 평생 본 적도 없는 희귀한 야채들부터 파리에서는 구하기 힘든 해산물이 있어 미식가들이 희귀템들을 찜하러 아침 일찍부터 출동하는 곳. 그 자리에서 바로 먹을 수 있는 음식도 있으니 에펠탑이 보이는 센느강변에 자리잡고 재래시장 음식으로 '미식'을 즐겨보는 건 어떨까.

ⓒ 푸르른 나무들이 만들어낸 그늘 아래 분수대가 한 폭의 그림 같은 평화로운 몽쥬 광장. 일주일에 세 번 열리는 시장은 작지만 양질의 물건들로만 가득하다. 양봉업자가 직접 나와 꿀을 팔고, 노르망디에서 잡아왔다는 싱싱한 생선이 파닥파닥. 오전엔 장보러 나온 사람들, 점심 때쯤 되면 점심 거리를 찾으러 나온 주변 회사원들이 더 많다. 높은 가격대가 마치 흠인 것 같지만, 그 가격에 상응하는 퀄리티임은 확실하다.

TIP

가격 흥정 : 파리의 재래시장에서 흥정하는 일은 거의 없다. 보통 무게당 가격 혹은 개당 가격이 크게 적혀있어 바가지를 쓰는 일도 없다. 단 상인이 재량껏 물건을 조금 더 얹어주기는 한다.

잔돈을 준비하자 : 대부분의 과일과 야채들은 1kg당 1~2유로. 한국보다 저렴한 것들이 참 많아 매력적이다. 50/100유로 짜리 지폐는 상인을 당황하게 한다. 동전과 소액권을 준비해 가는 게 좋다.

장바구니 필수 : 파리에서는 점점 비닐봉투 사용이 줄어드는 추세. 과일을 담는 얇은 봉투는 있지만 집까지 가져 갈만큼 크고 탄탄하지 않다. 현지인들은 얇은 천 가방이나 바퀴가 달린 가방을 들고 온다.

d.

Marché des Enfants Rouges
마흐셰 데 장팡 루즈

Ⓐ 39 Rue de Bretagne, 75003
Ⓗ 화~토 08:30~20:30, 일 08:30~17:00, 월 휴무
Ⓜ Map → 6-B-2

e.

Marché couvert Saint-Quentin
쌩 껑땅 실내 시장

Ⓐ 85bis Boulevard de Magenta, 75010 Ⓗ 화~토 08:00~20:00, 일 08:00~13:00, 월 휴무
Ⓜ Map → 5-A-1

f.

Marché d'Aligre (Marché Beauvau)
알리그흐 시장

(거리 시장)
Ⓐ Rue d'Aligre / Ledru-Rollin 역에서 도보 5분 Ⓗ 화~금 07:30~13:30, 토/일 07:30~14:30, 월 휴무
Ⓜ Map → 4-A-4

(실내 시장) (p.103)

ⓓ '빨간 옷을 입은 어린이들'이라는 뜻의 시장 이름. 16세기 이전 이 자리에 있었던 고아원에서 이름을 따왔다. 다른 재래시장과 달리 대문이 있는 뜰에 자리잡고 매일 문을 열며, 푸드코트 느낌이 난다. 이탈리아, 아프리카, 멕시코, 레바논, 일본 등 여러 나라 음식 코너들이 다 맛깔스러운 냄새를 풍기고 있어 고민의 늪에 빠질지도. 진열된 음식을 직접 보고 고르거나 일부 식당은 메뉴에 사진이 있어 고르기 한결 더 쉽다. 날씨 좋은 주말 점심은 가장 붐비는 시간이라 테이블 잡기가 힘들 수도.

ⓔ 북역 근처에 위치한 소박하고 서민적인 분위기의 실내 시장. 유리로 덮여 있어 비를 피할 수 있고, 겨울에는 적당히 따뜻해져 날씨에 상관없이 방문하기 좋다. 청과시장 몇 개, 정육코너, 꽃 시장도 있고, 동네 노인들이 매일 들르는 듯한 비스트로와 카페도 있다. 시장 안 사람들이 서로 안부를 묻는 모습에서 오랜 정이 느껴진다.
보통 한 상인이 하루 종일 가게를 보는 경우가 많아 오후 1시 30분부터 오후 4시 30분 사이 낮잠을 위해 일부 상점들은 문을 닫는 옛 스타일. 가장 활기를 띄는 토요일 오전 방문을 추천한다.

ⓕ 이렇다 할 관광지가 없어 여행자들의 발길이 닿지 않는 12구 지역은 그야말로 파리의 속살 같은 곳. 주거공간이 대부분인 이 동네의 재래시장은 남다르다. '보보시장'이라고도 불리며, 꽃과 과일 가게들이 정갈하게 늘어선 거리 시장, 대형마트 부럽지 않은 치즈, 생선, 정육 코너로 이루어진 실내 시장 두 개로 나뉘어 일주일에 한 번 빼고 매일 열린다. 시장이 가로지르는 알리그흐 광장에는 벼룩시장(p.102)도 열려 현지인들의 식문화와 생활문화를 동시에 볼 수 있는 곳. 게다가 시내 중심에서 가까워 빠듯한 여행 기간에도 들러볼 만 하다.

SECRET PASSAGES

파사쥬, 19세기 쇼핑 거리의 화려한 부활

18세기 말부터 19세기 초는 파사쥬의 황금기였다.
이 좁지만 긴 통로 안에는 화려한 상점들이 즐비해 부자들에게 돈 쓰는 재미를 선사했고, 카페와 독서 공간이 들어서며 사교 장소로서의 역할도 톡톡히 했다. 게다가 유리로 덮인 천장 덕분에 날씨가 궂은 날에도 양복 입은 신사들과 드레스를 입은 숙녀들이 품위를 잃지 않고 우아하게 거닐 수 있었던 런웨이와도 같았던 곳. 그러나 백화점의 등장과 함께 순식간에 그 인기가 떨어졌고, 폐허가 되어 숨죽여 보낸 세월이 100여 년.
20세기 중반이 되어서야 그 역사적 가치를 인정 받으며 자물쇠로 굳게 닫혀있던 파사쥬는 과거의 영광을 되찾고 화려하게 부활한다. (p.022)

Ⓐ 19 Rue Jean-Jacques Rousseau,75001 / Palais Royal 역에서 도보 5분
Ⓗ 월~토 07:00~22:00, 일 휴무 Ⓜ Map → 5-C-3

1826

a. 갤러리 베로-도다1826년 오픈, 총 길이 80m

TIP 유리 천장으로 덮여 있어 비오는 날 가기에 이보다 더 좋은 곳은 없다. 단, 대부분의 상점들이 문을 닫는 일요일은 피하는 게 좋다.
파리에 현재 남은 20개의 파사쥬 중 이 책에 소개하는 다섯 개의 파사쥬는 거리가 서로 근접해 있어 한 번에 둘러볼 수 있다.

a. Galerie Véro-Dodat 갤러리 베로-도다

가장 럭셔리한 파사쥬. 명품 거리인 생또노레 거리, 루브르 박물관, 팔레 루아얄에서 가깝다. 체스판을 연상시키는 블랙 앤 화이트의 바닥 위로 나무 재질의 상점이 앤티크한 느낌을 자아내고, 금색으로 적힌 상점명이 화려함을 더한다. 각 상점 사이를 채우고 있는 유리 거울로 내 모습이 계속 보여 마치 19세기 손님들이 그랬던 것처럼 나도 모르게 걸음걸이에 신경을 쓰며 걷게 된다.

Don't Miss
No.6 럭셔리 구두, Atelier Christian Louboutin 크리스챤 루부탱 부티크
No.17 빈티지 기타를 살 수 있는 30년 된, Luthier Maison Charles 류트 악기 상점

b. Galerie Vivienne 갤러리 비비엔느

애초부터 가장 매력적인 파사쥬를 만들고자 했던 의도는 성공했다. 시간 관계상 딱 하나의 파사쥬만 가야 한다면 갤러리 비비엔느를 추천한다. 유명한 이탈리아 수공업자의 손에서 탄생한 모자이크 바닥이 그대로 남아 있다. 지금은 없어졌지만, 1970년 타카다 겐조Takada Kenzo는 첫 겐조Kenzo 부티크를 이 곳에 오픈했고 첫 패션쇼의 런웨이 장소로도 사용하였다.

Don't Miss
No.45 1826년 문 연 모습 그대로 복원된 서점, Librairie Jousseaume주솜므
No.35~37 예술가와 셀럽들이 자주 왔던 카페, A Priori Thé아프리오리떼
No.68 절대 유행을 타지 않을 것 같은 장난감을 파는 가게, Si tu veux시뛰버

c. Passages des Panorama 파사쥬 데 파노라마

파리에서 가장 오래된 파사쥬. 오래된 우표나 동전을 구입할 수 있는 상점들이 많아 수집가들에게 인기다. 통로 양쪽의 식당들은 점심시간에 관광객과 주변에서 일하는 현지인들로 금새 뒤섞인다. 파리에 가스등이 처음 등장했을 때, 첫 시범을 보였던 장소이기도 하다. 현재 전기등을 받치고 있는 받침대는 과거에 쓰였던 가스파이프 그대로다.

Don't Miss
No.57 당시 유명 초콜릿 전문점의 데코가 그대로인 찻집, L'Arbre à Cannelle라브흐 아 까넬
No.47 당시 판화 제작소, 현재는 문화재로 등록된 레스토랑 Stern스턴

d. Passage Jouffroy 파사쥬 주프루아

파리에서 가장 방문객이 많은 파사쥬 중 하나. 필자가 파사쥬의 존재를 알게 된 건 우연히 파사쥬 주프루아를 발견하게 되면서부터다. 이 안에 있는 고풍스러운 카페 르 발렁땅Le Valentin은 지금도 자주 찾는다. 특히 아래가 내려다 보이는 위층 창가 테이블에 앉아 마카롱향 차와 함께 디저트를 먹는 시간은 꿀 같은 휴식. 얼마 전 막스 엔 스펜서(M&S) 슈퍼마켓이 문을 열었다.

Don't Miss
No.30 알사스 지방의 디저트, 초콜릿이 전문인 카페 Le Valentin르 발렁땅
No.34 화려한 데코와 다양한 재질의 지팡이 전문점, Galerie Segas갤러리 스가
No.46 쇼팽이 연인인 조르쥬 상드와 자주 만남을 가졌던, Hôtel Chopin호텔 쇼팽

e. Passage Verdeau 파사쥬 베흐도

파사쥬 주프루아와 좁은 거리를 사이에 두고 마주보고 있는 쌍둥이 동생 같은 파사쥬. 오래된 서점과 아트 갤러리, 앤티크 숍들이 주를 이루고 있어 관광객들에게는 재미가 덜 할 수도 있다. 하지만 1846년 오픈 당시의 모습과 분위기가 거의 바뀌지 않아 마치 150년 전 파리의 모습을 보는듯한 느낌이 강하게 드는, 알고 보면 가장 매력적인 파사쥬다.

Don't Miss
No.6 1979년부터 수집한 코믹 만화책의 메카와도 같은, Roland Buret롤랑 뷔레
No.8 프랑스 전통 십자수 키트를 살 수 있는 곳. '숙녀의 행복'이라는 상점명도 옛스럽다, Le Bonjeur des Dames르 보너 데 담

b. 갤러리 비비엔느 1823년 오픈, 총 길이 176m

1823

Ⓐ 5 Rue de la Banque, 75002 / Bourse 역에서 도보 4분
Ⓗ 매일 10:00~20:00 Ⓜ Map → 5-B-3

c. 파사쥬 데 파노라마 1799년 오픈, 총 길이 133m

1799

Ⓐ 11 Boulevard Montmartre, 75002 / Grands Boulevards 역에서 도보 2분
Ⓗ 매일 06:00~24:00 Ⓗ Map → 5-B-2

NEARBY

Galerie Colbert 갤러리 꼴베르

갤러리 비비엔느 바로 옆. 현재 프랑스의 대표적인 문화재 전문 인력을 양성하는 국립문화재학교(INP)로 사용되고 있어 들어가려면 간단한 소지품 검사를 받아야 한다. 학교로 사용되고 있는 대부분의 통로는 들어갈 수 없지만 원형 유리 천장이 인상적인 중앙 홀에서 사진 촬영은 가능하다.

d. 파사쥬 주프루아 1847년 오픈, 총 길이 140m

1847

Ⓐ 10-12 boulevard Montmartre, 75009 / Grands Boulevards 역에서 도보 1분
Ⓗ 매일 07:00~21:30 Ⓜ Map → 5-B-2

e. 파사쥬 베흐도 1846년 오픈, 총 길이 75m

1846

Ⓐ 6 Rue de la Grange-Batelière - 75003 / Richelieu-Drouot 역에서 도보 4분
Ⓗ 월~금 07:30~21:00, 토/일07:30~20:30 Ⓜ Map → 5-A-2

COURSES

배움이 있는 파리 여행

여행을 하다 보면 '보는 즐거움' 못지 않는 매력이 바로 '하는 즐거움'이다.

사람들과 함께 하며 자연스럽게 어울리고, 그 나라의 문화도 배울 수 있다. 파리이기 때문에 가능한 다채로운 수업들은 파리를 체험할 수 있는 또 다른 기회.

여행지에서의 배움은 공부가 아니라 휴식이고 즐거움이다.

와인 투어, 나만의 와인 만들기

Les Caves du Louvre 레 꺄브 뒤 루브르(루브르 와인 박물관)

루브르 박물관과 지하로 연결되어 루이 15세 때 실제로 와인 저장고로 쓰였던 곳을 2015년 와인 박물관으로 오픈했다. 투어는 장소를 옮겨가며 후각과 미각, 시각을 모두 활용하며 배우는 체험학습 방식. 와인에 들어가는 향들을 직접 맡아 보고, 와인 종류별로 한 잔씩 맛 보고, 프랑스 와인 병의 라벨을 읽는 방법과 코르크에 대한 설명까지 꼼꼼하다. 소믈리에이거나 와인에 대한 지식이 풍부한 프랑스 가이드가 영어로 설명해준다.

소규모 투어라 와인 초보자가 아닌 사람들도 투어를 통해 와인 전문가와 소통할 수 있는 좋은 기회. 소믈리에와 함께 나만의 와인을 만드는 클래스도 있다. 직접 만든 와인에 즉석에서 찍은 사진을 넣은 라벨을 붙일 수 있어 선물용 와인을 원하는 현지인들에게도 인기. 영어 클래스는 매주 화요일. 예약 권장.

Ⓐ 52 Rue de l'Arbre Sec, 75001 / Louvre-Rivoli 역에서 도보 2분
Ⓗ 와인 투어: 월~토 14:00~18:00, 일 휴무 (요일 별 투어 시작 시간은 홈페이지 참조, 홈페이지 예약 가능),
와인 만들기: 화 11:30
Ⓟ 와인투어 €35/1시간 (와인 3잔 포함), 와인 만들기 €75/2시간 (와인 여러 잔, 만든 와인 1병 포함)
Ⓤ www.cavesdulouvre.com
Ⓜ Map → 5-C-2

세상에서 하나 뿐인 향수 제작
Maison Candora 메종 칸도라

향수는 프랑스인들의 필수품. 우연히 나와 똑같은 향이 나는 사람과 마주치게 되면 마치 같은 옷을 입은 사람을 만난 것처럼 당황스럽다. 향수의 노트들을 맡아보고, 자신에게 맞는 향을 찾는다. 전문가의 도움을 받아 적당한 비율로 배합해 만드는 세상에 하나뿐인 향수. 그렇게 90분간의 수업을 마치고 나면 나만의 오 드 투알렛이 담긴 50ml 향수병이 내 손안에 쏙. 19유로를 추가하면 향수 병에 원하는 문구를 새길 수도 있다. 전화나 홈페이지 예약은 필수. 외국인들보다 현지인들에게 더 인기라 홈페이지는 프랑스어뿐. 영어 문의는 이메일이 더 편할 수 있다. 커플이나 가족들끼리만 하는 프라이빗 클래스도 문의 가능.

Ⓐ 1 Rue du Pont Louis-Philippe, 75004 / Pont Marie 역에서 도보 3분 Ⓗ 화/금 14 :30 (영어 수업)
Ⓟ 수업료 €85, 프라이빗 2인 €380/2시간 (1인 추가시 €85 추가)
Ⓔ 이메일 문의 bdelorme@candora.fr
Ⓤ www.candora.fr (홈페이지 예약 가능)
Ⓜ Map → 6-A-4

내 손으로 만들어 먹는 마카롱
French Macaron Bakery Class
프렌치 마카롱 베이커리 클래스

프랑스 셰프에게 마카롱 비법을 전수 받을 수 있는 절호의 기회. 갤러리 라파예트 백화점 안의 편안하게 마련된 공간에서 국적이 제각각인 여행자들과 함께 하는 수업은 내내 유쾌하다. 셰프가 보이는 시범을 눈 앞에서 보니 신기방기. 앞치마를 두르고 마치 파티시에가 된 것처럼 쫀득쫀득한 마카롱 속도 직접 만든다. 예쁜 색상의 코크를 골라 완성한 마카롱은 그 자리에서 먹거나, 가져갈 수도 있다. 예약은 반드시 홈페이지에서, 12세 이상 참여 가능.

Ⓐ L'appartement Lafayette 40 Boulevard Haussmann, 75009 / Chaussée d'Antin La Fayette 역에서 도보 2분, 갤러리 라파예트 백화점 본관 3층 Ⓗ 화/수 15:00 Ⓟ 수업료 €49 (90분)
Ⓤ haussmann.galerieslafayette.com/en/events/french-macaron-bakery-class-in-the-heart-of-paris/
Ⓜ Map → 5-A-3

파리에서 바리스타 자격증 취득하기
Caféothèque 카페오떼끄 (p.077)

파리에서 전문적인 커피가 큰 관심을 끌지 못하던 시절에 커피 시장에 뛰어들어 꾸준히 세계 각지의 커피를 수집해 연구해온 카페오떼끄. 지금은 커피 마니아들이 아침 일찌감치부터 모여드는 커피전문점이자 바리스타 양성학교로 입지를 굳혔다. 프랑스의 몇 안 되는 바리스타들도 이 곳 출신. 일주일 35시간 수업 후, 둘째 주에 15시간의 실습 과정을 거쳐 시험을 통과하면 전문 바리스타가 될 수 있다. 커피의 원산지인 과테말라 출신의 커피연구가이자, 프랑스 커피전문 서적 <카페오떼끄Caféothèque>를 집필한 글로리아 몬떼네그로가 직접 강의 한다. 총 2주 과정의 영어 수업은 2인 이상의 신청자가 있을 경우 스케줄을 맞춰 진행. 이메일 문의 필수.

Ⓐ 52 Rue de l'Hôtel de ville, 75004 / Pont Marie 역에서 도보 2분
Ⓟ 수업료 €2,150~2,500(2주 50시간)
Ⓔ ecole@lacafeoteque.com
Ⓤ www.lacafeotheque.com/lecole
Ⓜ Map → 6-A-4

프렌치 시크 플로리스트 과정
Catherine Muller 까뜨린 뮐러 플라워

초보자부터 전문 플로리스트까지 체계적으로 배울 수 있는 플라워 수업. 이미 한국 플로리스트들 사이에서는 명성이 자자해서, 루브르 박물관 앞에 있는 그녀의 작은 아뜰리에는 한국인 학생들이 대부분이다. 2016년 한국에도 학교를 오픈 했지만, 까뜨린 뮐러가 직접 강의하는 수업을 들으러 파리까지 오는 이들도 꽤 된다. 열세 가지 테마로 이루어진 수업은 각각 4일 과정. 오전 10시부터 오후 5시까지 인텐시브하게 진행. 빈티지/복고, 파티/웨딩, 정원 스타일까지 다양한 과정은 모두 그녀만의 스타일이 짙게 묻어 있다는 것이 특징이다.

Ⓐ 1 Rue des Pyramides, 75001 / Tuileries 역에서 도보 2분
Ⓗ 화~금 09:30~17:00
Ⓟ 수업료 €1,950 (4일 코스), 3개 이상 수업 이수 시 10% 할인
Ⓤ www.catherinemuller.com Ⓜ Map → 5-C-3

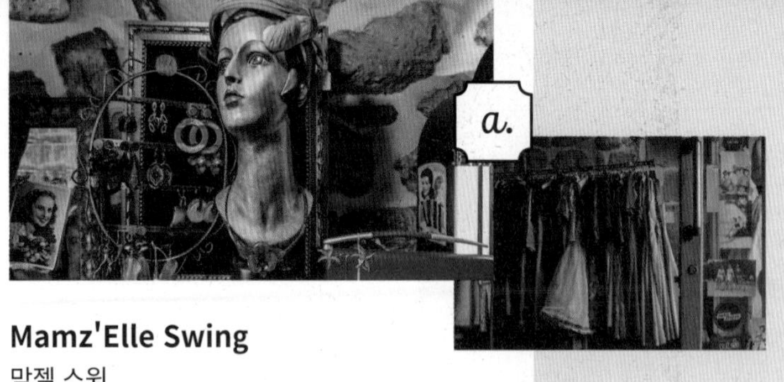

Mamz'Elle Swing
맘젤 스윙

눈에 확 띄는 핑크색 부티크. 1920~1970년대 레트로 스타일 의상들이 가득한 이곳은 오드리 햅번의 옷 방이 아닌가 싶을 정도다. 다채로운 색감의 부티크에서 유쾌하게 손님을 맞이하는 주인은 베레니스Bérénice. 손님에게 취향을 묻고 피팅을 봐주는 모습은 90년대 프랑스 고급 양장점을 연상케 한다. 각 옷들마다 연도가 적힌 티켓이 붙어 있어 구경하는 재미도 쏠쏠. 그녀의 센스있는 감각으로 직접 셀렉트한 옷들은 세심한 손바느질을 거쳐 완벽한 상태로 부티크에 전시된다고. 운이 좋으면 80유로 짜리 Chloé 명품 치마를 찾을 수도 있으니 Good Luck!

Ⓐ 35 bis Rue du Roi de Sicile, 75004 / Saint-Paul 역에서 도보 4분
Ⓗ 매일 14:00~19:00 Ⓜ Map → 6-A-4

Vintage Desir
빈티지 데지흐

마레 지구의 중심 유대인 거리, 'Coiffeur'라고 적힌 나무 간판이 과거 헤어숍이었음을 말해준다. 내부에는 빈티지 청재킷, 체크 무늬 신사 재킷, 왕단추 원피스 등 한 때는 유행이었던 의류들이 종류별로 쫙. 다른 빈티지숍에 비해 작지만 정돈이 잘 되어 있고 무엇보다도 저렴한 가격이 장점. 올드해 보이는 아이템들이 많지만 주 고객은 젊은 프랑스인들이다. 체인지 룸이 하나 뿐이니 손님이 별로 없는 평일 낮에 가는 게 좋다. 반들반들한 표면이 가치를 더 하는 가죽 가방(€15), 멋스러운 모자(€5), 겨울 코트(€20).

Ⓐ 32 Rue des Rosiers, 75004 / Saint-Paul 역에서 도보 4분
Ⓗ 매일 10:30-20:00 Ⓜ Map → 6-B-4

French Vintage

오래될수록 멋지다, 빈티지 숍

이미 오래 전부터 파리는 유행을 따르지 않는 것이 유행이다. 세계 어디서나 쉽게 구할 수 있는 대형 브랜드의 옷은 더 이상 특별하지 않다. 이제는 아무도 입을 것 같지 않는 '엄마 옷장 속 깊숙이 숨겨져 있던 옷 들'로 개성을 표현하는 파리지앵들.
그들이 가는 힙한 빈티지 숍에서 오랜 세월이 근사하게 깃든 나만의 아이템을 저렴한 가격에 만나보자.

PROFILE

Bérénice

Ⓝ 베레니스 Ⓙ Mamz'Elle Swing 창업자

Q. 1920~1970년대 의상을 파는 독특한 콘셉트의 부티크인데, 시작하게 된 특별한 계기가 있나요?
A. 음…, 아뇨. 처음 이 부티크가 문을 연 건 1995년도에요. 당시엔 이런 곳들이 많았어요. 과거의 세련된 옷들을 조금만 손질해서 팔 수 있는 옷 가게를 너도 나도 할 때였죠. 저도 그렇게 시작을 했고, 벌써 25년이 거의 다 되었네요.

Q. 오래된 옷일수록 가격이 더 비싼가요?
A. 1960년대 전만 해도 여성들의 옷은 최고 부자들을 위해 만들어졌거나,

Thanx God I am a V.I.P 땡스 갓 아임 어 브이아이피

Ⓐ 12 Rue de Lancry, 75010 / Jacques Bonsergent 역에서 도보 3분
Ⓗ 화~토 14:00~20:00, 일/월 휴무
Ⓜ Map → 6-B-1

샤넬, 에르메스, 입생로랑 등 가까이하기엔 너무 멀었던 명품들을 빈티지로 만나 볼 수 있다. 단순한 명품 빈티지 컬렉션이 아닌, 유행을 떠나 평생 소장 가치가 있는 원단과 디자인을 기준으로 엄격히 선별했다고. 하루 반나절을 보내도 모자랄 것 같은 어마어마한 양의 옷들은 다행히도 색상별로 깔끔하게 정돈되어 있다. 의류, 신발, 스카프, 가방 모두 최상의 상태. 원가보다 두 배 이상 저렴한 에르메스 스카프, 입생로랑 울 스커트가 150유로. 안에는 간단한 음료를 마실 수 있는 바도 운영하고 있으니 쉬엄쉬엄 꼼꼼히 돌아보기. 구입한 옷을 수선할 경우 이틀이 걸린다 하니, 여행 첫 날 당장 가자.

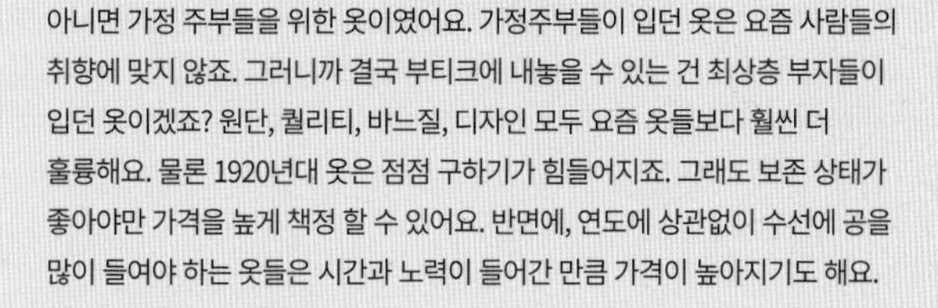

프리 피 스타 FREE'P'TAR

아니면 가정 주부들을 위한 옷이였어요. 가정주부들이 입던 옷은 요즘 사람들의 취향에 맞지 않죠. 그러니까 결국 부티크에 내놓을 수 있는 건 최상층 부자들이 입던 옷이겠죠? 원단, 퀄리티, 바느질, 디자인 모두 요즘 옷들보다 훨씬 더 훌륭해요. 물론 1920년대 옷은 점점 구하기가 힘들어지죠. 그래도 보존 상태가 좋아야만 가격을 높게 책정 할 수 있어요. 반면에, 연도에 상관없이 수선에 공을 많이 들여야 하는 옷들은 시간과 노력이 들어간 만큼 가격이 높아지기도 해요.

Q. 부티크를 처음 시작한 1995년도와 현재를 비교했을 때 프랑스의 빈티지에 대한 반응은 어떤가요?

A. 빈티지의 인기는 그 때부터 계속 존재해 왔어요. 하지만 요즘 젊은이들이 빈티지를 찾는 목적은 가벼운 주머니 사정 때문에 검소한 소비를 하기 위함도 있어요. 그리고 세월이 흐르면서 빈티지를 정의하는 연대도 달라졌어요. 제 부티크는 요즘 프랑스 젊은이들이 찾는 빈티지는 아닐 수 있어요, 하지만 유행과는 상관 없이 제가 고른 스타일을 선호하는 사람들이 꾸준히 찾아오고 저는 쉴 새 없이 바쁘답니다.

d.

FREE'P'STAR 프리 피 스타

프랑스 브랜드보다는 미국 브랜드가 주를 이룬다. 마치 안은 거대한 타임머신처럼 남녀노소를 위한 빈티지 옷들이 가게 전체를 꽉 채우고 있다. 점원들은 하루에도 몇 번 씩 들어오는 물건들을 쉴 새 없이 정리하고, 비좁은 통로는 손님들로 가득 메워지기 일쑤. 정해진 콘셉트는 없다. 그냥 '다' 있는 곳. 40유로짜리 가죽 재킷, 60유로짜리 스웩 넘치는 털 코트를 찾는 건 일도 아니다. 이도 저도 아니라면 1유로 코너를 샅샅이 뒤져보는 건 어떨까.

Ⓐ 61 Rue de la Verrerie, 75004 / Hôtel de Ville 역에서 도보 1분
Ⓗ 월~토 11:00~20:30, 일 12:00~20:30 Ⓜ Map → 6-A-3

e.

Goldy Mama 골디 마마

파리의 트렌드와 빈티지를 한 번에 소화해내는 아이템들이 매력인 곳이다. 제품들은 모두 드라이클리닝과 수선 작업을 거쳐 새 옷처럼 말끔하게 단갑한 상태. 젊은 파리지엔느들이 많이 입고 다니는 시크한 스타일의 새 옷 같지만 티켓을 보면 1960년대 옷. 중간에는 이 곳 빈티지 제품과 스타일이 맞는 새 제품도 섞여 있어 빈티지 느낌의 새 옷을 사기도 좋다. 어느 물건을 보든 가격이 '상상 이하'. 선글라스는 10유로, 가죽 가방 15유로, 40~70유로대의 감각있는 원피스가 많다.

Ⓐ 99 Rue Orfila, 75020 / Gambetta 역에서 도보 7분
Ⓗ 수~토 11:00~19:30, 일/월 휴무 Ⓜ Map → 4-C-3

Parisian Perfume

파리에서만 구할 수 있는 향수

향수는 반드시 면세점 찬스를 쓰던 시절이 필자에게도 있었다.
기왕이면 명품으로 하지만 조금 더 싸게.
그런데 지금 생각해보면, '흔한 향수'를 오히려 비싸게 주고 산 게 아닌가 싶다.

니치 향수가 유행하며 '흔치 않던' 소규모 향수 브랜드들도 세계로 뻗어나갔다.
언니도 뿌리고 친구도 뿌리는 향수 말고, 조금 더 특별한 향수는 없을까.
파리를 샅샅이 뒤져 어렵게 찾아냈다. 파리에 오지 않고서는 손에 넣을 수 없는 '귀한 향수'.
'나만의 향'을 찾아 떠나는 향기로운 파리 여행.

PROFILE

Nabil Ibrahim

Ⓝ 나빌 아브라힘
Ⓙ Maître Parfumeur et Gantier 대표

파리지앵들에게 향수란?
어떤 한 순간의 후각적 기억과, 개인의 사회적, 문화적 복잡한 요소들이 담긴 동시에 자신의 캐릭터를 잘 반영할 수 있는 게 향수입니다. 220만 파리지앵이 있다면 220만 향수가 우리 파리지앵들의 향수입니다.

파리에만 있는 독립 브랜드로서의 자부심이 있다면?
유행과 마케팅에 좌우되지 않고, 우리만의 창의력을 마음껏 펼칠 수 있다는 점이 대기업 브랜드와는 다른 니치 향수의 강점입니다. 예를 들면 우리 향수들은 크리에이터 쟝 프랑수아 라포흐트Jean François Laporte의 예술적인 혼이 담긴 창조물입니다. 향수를 제조하는 행위는 예술이고, 예술은 예술가가 관여해야 합니다.

ⓐ 니치 향수 바람이 불기 한참 전인 1988년, 보석상점과 고급 호텔들이 주를 이루는 방돔 광장 한 블럭 뒤에 오픈. 30년에 걸쳐 스몰 럭셔리 부티크를 유지하며 40여 가지의 향수를 탄생시켰다. 오페라 세계와 바로크 미학에 영감을 받은 17세기 전통 프렌치 향에 근원을 뒀다. 기본 크기는 120ml, 산딸기, 자몽, 라임에 머스크향이 은은하게 더해진 프레셔 뮈스키심Fraîcheur Muskissime(€160)이 시그니처 향수 중 하나. 고급진 케이스에 담아주는 10ml(€35)/30ml(€60) 향수는 지인들 선물용으로 좋다. 향초, 차량 전용 스프레이, 안방 가구나 신발장에 발라 미세한 곳까지 향을 내는 왁스 Parfum solide(€30)도 있다.

ⓑ 디올, 구찌, 버버리 등 명품 브랜드의 베스트셀러 향수를 만들어낸 크리에이터 미셸 알메락Michel Almairac이 오랜 노하우로 자신만의 브랜드를 론칭했다. 국적을 불문하고 패션과 트렌드에 관심이 많은 사람들이 찾는 마레 지구의 작은 공간. '내게 향수에 대해 말해줘'라는 뜻의 빠흘르 무아 드 빠흐펑이다. 오픈한지 2년도 되지 않았으니 그가 창조해낸 총 10가지의 향수 모두가 신상인 셈. 백합향이 들어간 Totally white, 오렌지 나무향의 Tomboy Neroli가 현재까지는 가장 호응이 좋다고. 크기는 50ml(€95), 100ml(€155) 두 가지, 모든 향수는 남녀 구분이 없다.

ⓒ 1961년부터 3대째 내려오는 장미향, 딱 이 한 가지 향수만 판매한다. 게다가 이곳은 작정하고 찾아가지 않는 이상 우연히 발견하기도 쉽지 않다. 파리 최고의 명품 거리인 생또노레 거리의 숨겨진 안뜰에 위치. 용기를 내서 대문 안으로 들어가야지만 안뜰의 한편에 다섯 평 남짓한 숍을 발견할 수 있다. 장미, 베르가못, 만다린을 베이스로 하여 자스민, 아이리스, 바닐라, 일랑일랑 등이 조화롭게 섞여있는 빈티지 장미향. 크기는 30ml(€79)/50ml(€98)/100ml(€179) 3가지.

a.

Maître Parfumeur et Gantier
메트흐 빠퓌머 에 강띠에

Ⓐ 5 Rue des Capucines, 75001 / Opéra 역에서 도보 5분
Ⓗ 월~토 10:30~20:00, 일 10:30~18:30
Ⓜ Map → 5-B-4

c.

Rose Desgranges
로즈 데그항쥬

Ⓐ 70 Rue du Faubourg Saint-Honoré, 75008 / Miromesnil 역에서 도보 6분
Ⓗ 화~토 13:00~19:00, 일/월 휴무
Ⓜ Map → 8-B-1

b.

Parle moi de Parfum
빠흘르 무아 드 빠흐펑

Ⓐ 10 Rue de Sévigné, 75004 / Pont Marie 역에서 도보 5분
Ⓗ 화~일 11:00~19:30, 월 휴무
Ⓜ Map → 6-B-4

PLUS

파리에서만 구할 수 있는 귀한 향수는 아니지만 다양한 니치 향수 브랜드들을 모아 놓은 '니치 향수 콘셉트 스토어'도 있다.

Sens Unique 썽쓰 위니끄
향수를 좋아하는 친구들이 모여 만든 작은 니치 향수 콘셉트 스토어. 프랑스를 포함하여 다른 유럽 국가에서 셀렉트한 40여 가지의 니치 향수를 판매한다. 향수에 대한 열정이 강한 만큼 손님들이 원하는 향수를 찾아주는 데도 열정적. 주로 소규모 업체의 브랜드들이라 한국에서 구할 수 있을 만한 향수는 없다.

Ⓐ 13 Rue du Roi de Sicile, 75004 / Saint-Paul 역에서 도보 3분
Ⓗ 매일 13:00~21:00 Ⓜ Map → 6-B-4

Nose 노즈
한때는 구하기 힘든 '연예인 향수' 였다가, 니치 향수 유행과 함께 한국에도 상륙한 아닉구딸Annick Goutal, 딥티끄Diptyque, 프레데릭 말Frédéric Malle 등의 다소 알려진 브랜드들이 모여있다. 숍의 규모도 크고 향수 종류도 많지만, 늘 손님들이 많아 '세심한 조언'을 듣기는 힘들 수 있다.

Ⓐ 20 Rue Bachaumont, 75002 / Sentiers 역에서 도보 6분
Ⓗ 월~토 10:30~19:30, 일 휴무 Ⓜ Map → 5-B-2

DELICIOUS MADELEINE

마들렌 광장의 맛있는 재발견

마들렌 성당이 우아한 자태로 광장의 중심을 차지하고 있다.
하지만 이 사실만으로는 여행자들의 이목을 끌기에 부족했는지, 가이드북만 보고 이 곳을 일부러 찾는 이들은 많지 않다. 성당을 둘러 싸고 있는 마들렌 광장 부티크들의 정체를 알기 전 까지는 말이다.
19세기 작은 식료품점이었던 포숑Fauchon의 등장을 시작으로, 미식의 나라 프랑스의 비밀 병기와도 같은 고급 식재료를 판매하는 브랜드들이 광장을 하나 둘씩 채워 나갔다.
초콜릿, 홍차, 머스타드, 트러플, 와인…. 입이 닳도록 다 말하기도 전에 입안의 군침이 밖으로 흐를 지경.
두말할 것 없이, 프랑스 미식의 콧대를 높이는 탄탄한 밑거름인 프랑스 식료품점들이 총 집합한 마들렌 광장을 주목하시라. 마들렌 성당을 주연이 아닌 조연으로 만드는 것 같아 미안하긴 하지만.

Église de la Madeleine 마들렌 성당

52개의 기둥으로 이루어진 그리스 사원 스타일의 건축물. 디자인을 결정하고 현재의 모습을 갖추기까지 거의 100년이 걸려 1842년 완공되었다. 마들렌 광장과 루아얄 가Rue Royale로 이어져 있는 콩코드 광장 건너 마들렌 성당과 정면으로 마주보고 있는 건물은 국회의사당. 두 건축물이 쌍둥이처럼 닮았다는 점을 알아차리는 사람들은 별로 없다.

마들렌 광장
Ⓐ Place de la Madeleine / Madeleine 역
Ⓜ Map → 5-B-4

PLUS

마들렌 케이크와 마들렌 성당은 긴밀한 관계?
마들렌 케이크는 프랑스 북부 로렌 지방의 전통 케이크로, 이 레시피를 개발한 요리사 마들렌 뽈미에Madeleine Paulmier의 이름에서 유래되었다. 마들렌 성당은 마리아 막달레나를 기리는 성당으로 막달레나는 프랑스어로 마들렌이라고 부른다. 성당 이름도 사람 이름도 막달레나에서 유래된 것일 뿐, 성당과 케이크는 아무 상관이 없다.

a. Maille 마이

프랑스의 작은 마을 디종Dijon은 13세기부터 머스타드 생산지로 유명하다. Maille는 디종에서 가장 전통있는 머스타드 브랜드로 프랑스산 겨자씨가 특유의 맛을 내고, 비네가르를 섞어 순하다. 마들렌 광장 한쪽 모퉁이에 크게 눈에 띄지 않는 나무로 된 작은 가게가 파리 1호점. 가게에 들어서는 순간, '머스타드 세계에 오신 것을 환영합니다'. 50가지가 넘는 형형색색의 머스타드와 비네가르가 빼곡. 산딸기와 바질이 들어간 핑크색 머스타드 Moutarde Framboise et Basilic(€5.7/108g)도 있다.

Ⓐ 6 Place de la Madeleine, 75008
Ⓗ 월~토 10:00~19:00, 일 휴무
Ⓜ Map → 5-B-4

b. Fauchon 포숑

포숑은 초콜렛, 차, 향신료, 마카롱, 와인 등을 모두 취급하는 프랑스 식료품계의 백화점. 시초는 1886년, 마들렌 광장 30번지에 작은 식료품점을 창업하면서다. 지금은 자리를 이전하여11번지에서 레스토랑과 까페를 운영 중이다. 포숑의 고급 재료로 만든 요리와 디저트를 맛볼 수 있는 곳. 바로 옆, 포숑의 컨셉이 돋보이는 5성급 호텔 (Fauchon L'Hôtel)이 2018년에 문을 열었다.

Ⓐ 30 Place de la Madeleine, 75008
Ⓗ 월~토 10:00~18:30, 일 휴무 Ⓜ Map → 5-B-4

c. Nicolas 니꼴라

마들렌 광장에 본점을 두고 프랑스에만 500개의 지점이 있는 와인 판매점. 200년 역사의 명성을 걸고 셀렉트한 와인들을 판매하고 있다. 와인에 대한 지식을 갖춘 점원이 있어 추천이나 조언을 들을 수 있어 좋다. 가격대와 와인 종류만 문의해도 센스있게 와인을 추천해준다. 니꼴라 매장 중 본점에만 유일하게 아래층에 꺄브Cave(와인 저장고)가 있고, 위층에서는 커피보다 저렴한 와인 한 잔을 마실 수도 있다.

Ⓐ 31 Place de la Madeleine, 75008
Ⓗ 월~토 10:00~20:00, 일 휴무 Ⓜ Map → 5-B-4

d. La Maison de la Truffe 라 메종 들 라 트뤼프

매장에 들어서는 순간 진한 송로버섯 향이 코 끝을 자극한다. 송로버섯은 프랑스 3대 진미 중 하나. 프랑스는 특히 귀하기로 유명한 검은 송로버섯의 세계 생산량의 절반을 차지한다. 매장 한편의 레스토랑은, 모든 메뉴를 '송로버섯 없이 / 송로버섯과 함께 / 검은 송로버섯과 함께' 세 가지 옵션을 달아놨다. 검은 송로버섯이 들어간 메인 식사는 약 40~60유로대.

Ⓐ 19 Place de la Madeleine, 75008
Ⓗ 월~토 10:00~22:30, 일 휴무 Ⓜ Map → 5-B-4

e. Mariage Frères 마리아쥬 프레르

150년 전통의 명품 차, 전 세계적으로 차를 좋아하는 사람이라면 누구나 다 아는 프랑스 대표 브랜드. 원산지가 각각 다른 품질 좋은 차를 마리아쥬 프레르만의 노하우로 블렌딩 한다. 와인과 마찬가지로 원하는 차의 종류를 말하면 추천해주기도 하며, 구입 전 향을 미리 맡아볼 수 있다. 직원들의 모습이 조심스럽고 섬세하다.

Ⓐ 17 Place de la Madeleine, 75008
Ⓗ 매일 10:30~19:30
Ⓜ Map → 5-B-4

f. Caviar Kaspia 카비아 카스피아

캐비어 마니아들에게 소개해주고 싶은 파리의 두 곳은 파리 7구에 위치한 Petrossian과 마들렌 광장의 Caviar Kaspia. 모두 캐비어를 판매하며 레스토랑도 함께 운영하고 있다. 캐비어가 워낙 고가의 식료품이기에 이 레스토랑이 파리지앵들 사이에서 유명하다고는 할 수 없지만, 패션 명품 본점과 유명 박물관이 있는 1구에서 90년이 넘는 역사를 거슬러오며 패션과 예술계 인사들이 식사 약속을 하던 아지트였다.

Ⓐ 17 Place de la Madeleine, 75008
Ⓗ 월~토 10:00~24:00, 일 휴무 Ⓜ Map → 5-B-4

g. Patrick Roger 파트릭 호제

2000년도 프랑스 초콜릿 장인으로 선정되었고, 미슐랭과 피가로 Figaro가 극찬했다. 그의 이름을 건 부티크를 보는 순간 초콜릿도 예술이 될 수 있다는 걸 깨닫게 될 것이다. 초콜릿으로 만든 예술 조각품이 쇼윈도에 전시되어 있고, 안에는 몇 안되는 초콜릿들이 보석처럼 진열되어 있다. 터키석 같은 신비로운 색상의 구슬 모양 초콜릿(€44/12개)이 파트릭 호제 초콜릿의 아이콘. 파리에만 부티크가 있으며 맛보기로 낱개 구입도 가능.

Ⓐ 3 Place de la Madeleine, 75008
Ⓗ 월~토 11:00~19:00 Ⓜ Map → 5-B-4

FRENCH WINE

왕초보를 위한 '파리에서 와인 구매하기'

와인을 빼놓고 프랑스를 논할 수 있을까.
프랑스에만 와이너리가 7만여 개 이상. 슈퍼마켓, 레스토랑, 카페, 발이 멈추는 어디에서든 와인 찾는 건 일도 아니다. 커피만큼 흔하고, 커피 한 잔만큼 저렴한 와인 한 잔이 놀랍지 않다. 와인 초보자들도 와인과 친구 될 수 있는 곳. 잘 산 와인 한 병은 선물 아이템으로도 으뜸이다.

와인 구매 전 알아두기

1. 저렴한 와인을 구매하더라도, 너무 저렴한 건 피하자. 슈퍼마켓에 가면 한 병에 3유로 짜리도 있지만, 여기에 2~3유로만 더해도 퀄리티가 급격히 좋아진다.

2. 좀 더 괜찮은 퀄리티의 와인을 찾고 싶다면, 프랑스에서 가장 큰 와인 전문 체인점, 니꼴라를 추천한다. 좀 더 독특한 와인을 원한다면, 소규모 독립 와인 전문점을 찾아보자.

3. 보르도Bordeaux나 부르고뉴Bourgogne 처럼 유명한 와이너리 지역이 아니더라도 품질 좋은 와인이 생산된다. 모르는 지역의 와인을 선택하는데 망설이지 말자.

4. 20유로 대면 이미 상당히 괜찮은 와인. 단, 레스토랑에서 파는 와인의 원가는 메뉴에 적혀 있는 가격보다 훨씬 낮음을 명심하자.

5. 공항 면세점보다 시내에서 가성비 좋은 와인을 구할 수 있고, 선택의 폭도 넓다. 게다가 전문가의 추천을 받을 수 있어 큰 도움이 된다.

PLUS

마들렌 광장에 위치한 니꼴라 본점에서는, 175유로 이상 구매 시 14%의 세금 환급(보통 12%)이 가능하고, 니꼴라 매장 중 유일하게 지하 와인 저장소가 있어 다른 곳에는 없는 고급 와인을 구매할 수 있다. 위층에는 구입한 와인을 직접 마시거나 와인 테이스팅을 할 수 있는 바를 운영하고 있다.

프랑스에만 500여 개의 매장을 운영하고 있는 프랑스 최대 와인 전문점, 니꼴라 Nicolas의 본점을 운영하는 와인 전문가에게 직접 물어보았다.

PROFILE

Arnaud Oger

Ⓝ 아르노 오제
Ⓙ Nicolas 니꼴라 본점(마들렌점) 공동 운영자

와인 전문가가 직접 알려주는 '와인 구매법'

Q 매장에서 와인을 추천 받기 위해 어떤 질문을 해야 하나요?

A. 와인이 어렵다는 생각을 버리고, 아주 간단한 세 가지 질문이면 됩니다.

01. 레드와인과 화이트와인 중 어느 것을 원하는지 레드와인을 원할 경우, 질감이 맑고 가벼운 것(Light) / 질감이 무거운 것(Full Bodied) 중 어느 것을 원하는지, 그 다음으로 과일 향이 강한 것(Fruity) / 떫은 맛이 강한 것(Bitter) 중 선택을 해야겠죠. 화이트 와인의 경우는, 달콤한 것(Sweet) / 드라이한 것(Dry) 정도만 물어봐도 됩니다.

02. 어떤 음식과 함께 마실지, 아니면 식전 아페리티브로 마실지에 따라 추천이 달라지죠. 식사와 함께 할 경우, 닭고기나 생선 같은 경우는 화이트와인을, 소고기나 돼지고기 등과 할 경우엔 레드와인을 추천해드리죠. 아페리티브로는 화이트와인과 레드와인 모두 좋습니다.

03. 선물용인지, 본인이 마실지도 중요해요. 선물용일 경우, 보르도나 부르고뉴처럼 잘 알려진 와이너리의 클래식한 와인을 추천해드립니다. 받는 사람 입장에서는 모르는 지역의 와인보다 유명한 지역의 와인이 더 신뢰감을 주기 때문이죠. 본인이 마실 거라면 새로운 지역의 와인을 시도해 볼 수 있도록 추천해드리기도 합니다. 와인의 세계는 무궁무진 하니까요.

Q 와인 초보자라면 어느 정도 가격대가 좋을까요?
A. 여기는 프랑스잖아요. 양질의 프랑스 와인을 다른 나라에서보다 더 저렴하게 구입할 수 있습니다. 20~40유로대의 이미 훌륭한 품질의 와인이 많습니다. 와인을 구매 할 때 원하는 가격대를 말하는데 있어서 부끄러워하지 마세요. 현지인들은 원하는 가격대를 바로 말하는 편이죠. 우리도 그것을 더 선호해요.

Q 니꼴라에서 와인 말고 선물용으로 어떤 것을 살 수 있나요?
A. 외국에서보다 저렴하게 양질의 샴페인을 구입할 수 있습니다. 그리고 본점에서는 연도별 꼬냑을 판매해요. 1888년산부터 있고요. 현지인들은 중요한 지인의 생일날 그 사람의 탄생 연도에 만들어진 와인을 선물하는데, 가격대나 알코올 도수 면에서 가성비가 높다고 여겨지는 꼬냑을 선물하기도 합니다.

와인 전문가, 아르노 오제가 추천하는 와인

<레드와인>
ⓐ **샤또 로마낭 2014** 떫은 맛과 향이 강하며 질감이 무거운 보르도 와인. 소시지, 소고기, 향이 약한 치즈와 곁들이기 좋다. ⓑ **뉘 생 조흐쥬 2015** 질감이 가볍고 과일향이 강한 부르고뉴 와인. 소/돼지고기나 향이 옅은 치즈와 곁들이기 좋다. ⓒ **샤또 다흐상 2016** 떫고 거친 맛, 소/돼지고기나 향이 강한 치즈와 곁들이기 좋다.
<화이트와인>
ⓓ **샤또 프로스트 2010** 과일향이 강한 달달한 소비뇽 와인. 푸아그라, 향이 옅은 치즈, 디저트와 곁들이기 좋다. ⓔ **샤또 드 머흐소 2018** 떫으면서 옅은 살구향이 섞인 샤도네이. 구운 생선, 향이 옅은 치즈와 곁들이기 좋다. ⓕ **상세흐 2019** 과일향이 강하며 시원한 소비뇽 와인. 조개류, 구운 생선, 소시지와 곁들이기 좋다.
<샴페인>
ⓖ **말라 그랑크뤼** 맛이 풍부하며 진한 향. 닭고기, 디저트, 향이 옅은 치즈와 곁들이기 좋다. ⓗ **로헝 뻬리에** 과즙이 풍부해 과일향이 강하며, 양고기, 생선, 디저트와 곁들이기 좋다.

ⓐ

Château Romanin 2014 / €36

ⓑ

Nuit Saint-Georges 2015 / €48.8

ⓒ

Château D'Arcins 2016 / €15.95

ⓓ
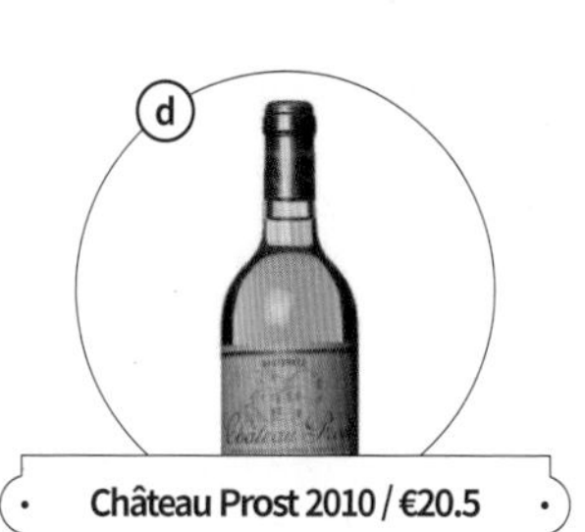
Château Prost 2010 / €20.5

ⓔ

Château de Meursault 2018 / €27.5

ⓕ
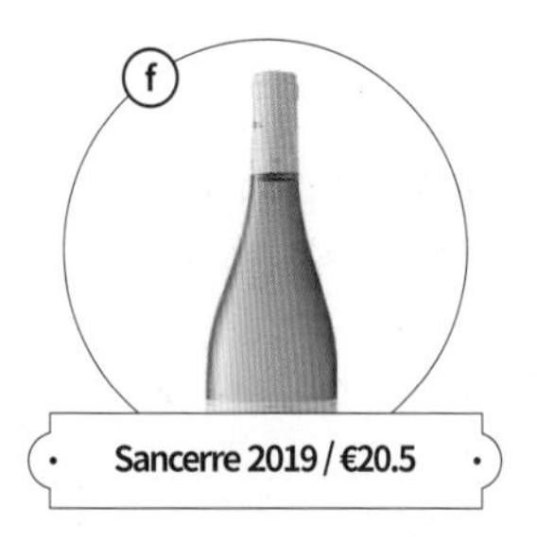
Sancerre 2019 / €20.5

ⓖ

Malard Grand Cru / €29

ⓗ

Laurent-Perrier / €41

Bring France Home
브링 프랑스 홈

"프랑스에 와서 프랑스산 물건을 하나도 못 가져 간다는 건 정말 슬픈 일이에요. 저도 여행하면서 '진짜 기념품'을 못 찾아 실망했던 적이 많았죠. 현지인들이 선물을 사기 위해 이 곳을 찾기도 해요. 저희 숍에 있는 제품들은 프랑스를 대표하는 물건들이며 당장 여행 가방에 넣어도 될 정도로 가볍고 적당한 크기에요. 제가 아는 한 이런 기념품숍은 파리에 하나 뿐이에요." – Nathalie 나탈리 (공동 창업주)

마틸드Mathilde 와 나탈리Nathalie 두 친구가 함께 만든 숍. 오픈한 지 1년이 채 되지 않은 이 곳을 찾았을 때 빨간 베레모를 쓴 귀여운 여인이 새파란 숍 앞에 언제나 그런 것처럼 미소를 지으며 앉아 있었다. 작은 숍 안에는 딱 봐도 고급스러워 보이는 기념품들이 가득. 손바닥만 한 에펠탑(€8)을 들어보니 일반 기념품 가게의 것과 무게감부터 달랐다. 19세기 그림이 그려진 작은 성냥갑 상자 안에 들어 있는 비누(€2)부터 까망베르 치즈 통에 들어 있는 접시 세트(€59)까지, 어느 하나 프랑스를 말하지 않는 게 없다.

Ⓐ 3 Rue de Birague, 75004 / Saint-Paul 역에서 도보 4분
Ⓗ 월-토 11:00~19:00, 일 휴무
Ⓜ Map → 6-C-4

Made in France

이보다 더 '프랑스'스러운 건 없다.

프랑스 방문객들이 주 고객인 기념품 숍들을 조사해보니, 프랑스산 제품은 30%에도 못 미친다는 결과가 나왔다. 파리에 오면 꼭 하나는 사간다는 에펠탑이 사실은 '메이드 인 차이나'라고 밝혀도 이제는 그러려니 하는 추세. 국립박물관 기념품 숍부터 프랑스를 대표하는 명품 브랜드까지 다양한 원산지 표기가 이젠 아무렇지 않다.
프랑스에서 프랑스산 물건을 찾는 게 이토록 어려워야 하는 걸까? 이런 안타까운 현실에 저항하듯 반기를 들고 나선 프랑스인들이 있다. 자부심 가득한 표정으로 그들이 공통적으로 하는 말 한마디가 그들의 작은 숍을 찾아가야 하는 이유다.
"100% MADE IN FRANCE 입니다."

b.

Si Petit

시 쁘띠

"첫째 아기가 태어나면서부터 엄마와 할머니께 배운 바느질로 아기 옷을 직접 만들기 시작했어요. 둘째가 태어나고 나서 부티크를 열었고 바느질을 한지 30년이 되었네요. 제가 직접 디자인하고, 아뜰리에에 가서 작업 과정도 관여하죠. 원단 역시 제가 골라요, 물론 프랑스산 입니다. 디자인은 30년 전 스타일을 고수 하는 편이에요." - Sophie 소피 (디자이너 겸 창업주)

작은 쇼 윈도우에 걸린 독특한 아기 옷을 보고 뭔가에 홀리듯 들어갔다. 안에는 1980~90년대 프랑스 광고에서 봤음직한 멋스러운 아기 옷들이 전시되어 있었다. 그 어느 고급 아기 옷 브랜드에서도 절대 볼 수 없었던 디자인에 그녀의 뚜렷한 철학과 열정이 보인다. 자랑스럽게 보여준 아기 코트는 프랑스 느낌이 강렬하다 못해 원단의 촉감 마저 감탄을 자아냈다. 이렇게 정성스럽게 만들어진 작품들의 주 고객은 '단골손님'. 기모노 스타일 신생아 옷(€69)과 모자(€39) 세트가 가장 인기란다. 이보다 더 특별한 아기 선물은 없을 것 같다.

b

Ⓐ 9 Rue de Birague, 75004 / Saint-Paul 역에서 도보 4분
Ⓗ 월~토 10:30~19:00, 일 휴무
Ⓜ Map → 6-C-4

b

Laulhère
롤레흐

“롤레흐는 1840년 프랑스 군의 베레모를 제작하는 것으로 시작했어요. 현재는 프랑스 군은 물론 프랑스인들과 세계인들의 패션까지 책임지고 있죠. 남프랑스의 작업실에서 오직 40명의 장인들이 작업합니다. 주로 특별한 선물용으로 구입을 많이 해요. 현지인들은 저희 제품의 뛰어난 방수 기능 때문에 우산 대신 쓰기도 하고요. 캐시미어(€95)부터 앙고라(€130), 금가루를 입힌 베레모(€700)도 있죠.” – Natasha 나타샤 (숍매니저)

프랑스 시크의 선두주자인 베레모는 남녀노소 상관없이 빈티지를 사랑하는 사람이라면 하나쯤 은 갖고 있는 아이템. Laulhère는 현재 유일하게 100% 프랑스산 베레모 명품 브랜드다. 명품점들이 들어선 고급 패션 거리인 생또노레 거리, 하지만 정원 안쪽에 있어 아는 사람만 찾아 올 수 있다. 매장에서 관리법과 멋지게 쓰는 법까지 친절하게 조언해주며 책자를 제공하니 베레모가 처음인 사람도 걱정 없다. 모자를 파는 상점에 공급해주긴 하지만 공식적인 매장은 세계에 이 곳 딱 한 곳뿐.

Ⓐ 14-16 Rue du Faubourg Saint-Honoré, 75008 /
Madeleine 역에서 도보 4분
Ⓗ 월~토 11:00~19:00, 일 휴무
Ⓜ Map → 5-B-4

Boutique Élysée
부띠끄 엘리제

"프랑스 대통령 관저인 엘리제 궁에서 운영하는 공식 스토어입니다. 200가지가 넘는 상품들은 보르도, 마르세유, 알프스 지방 등 프랑스의 각 지역에서 직접 보내옵니다. 다시 말해, 물건 하나하나에는 그 지역만의 역사와 문화, 프랑스 장인의 자부심이 모두 담겨있죠. 이 사업을 통해 엘리제 궁을 지켜내는 공신들과 프랑스의 혼을 이어가고 있는 이들에게 힘을 실어줄 수 있었으면 좋겠습니다." – Guillaume 기욤 (온라인 사업부 담당자)

스토어가 생겨난 취지는 탄생한지 300년이 넘은 엘리제 궁에 새 삶을 불어넣는다는 의미, 그 수익금은 모두 궁전의 복원 작업 비용으로 쓰인다고 한다. 모든 제품들은 기존의 브랜드에서 특별히 제작된 것들로 엘리제 궁을 상징하는 마크가 표시되어 있다. 프랑스 삼색 국기로 고급스러움을 더한 티백 세트 (약 €15), 생 제임스 티셔츠 (€ 40-50), 양말 (약 €20) 등, 실용적인 기념품들이 상당수. 홈페이지를 통한 온라인 판매가 활성화되어 있지만, 갤러리 라파예트 백화점 6층과 맞은 편 갤러리 라파예트 식료품관 1층의 기념품점에서도 찾아볼 수 있다.

갤러리 라파예트 백화점
Ⓐ 40 Bd Haussmann, 75009 / Opéra 역에서 도보 4분
Ⓗ 매일 10:00-20:00 Ⓜ Map → 5-A-3
갤러리 라파예트 식료품관
Ⓐ 35 Bd Haussmann, 75009 / Havre - Caumartin 역에서 도보 2분
Ⓗ 월~토 9:30~21:00, 일 11:00~20:00 Ⓜ Map → 5-A-3
Ⓤ boutique.elysee.fr

Maison Caillau
메종 까이요

"제 할아버지, 아버지에 이어 현재는 저와 딸이 운영하고 있습니다, Caillau는 저희 가족 성이에요. 원래는 향수 전문점이었어요. 위층은 헤어숍이었고, 할아버지와 아버지 두 분 모두 미용사였죠. 지금은 헤어 및 미용 고급 액세서리만 판매합니다. 옛 디자인 그대로인 머리띠(€58)는 스위스와 미국에서 오는 단골 손님들이 있고요, 수작업으로 한 올 한 올 만든 이 빗(€260)은 저희 가게에서만 찾을 수 있죠." – Sophie 소피 (3대 경영자 및 디자이너)

Maison Caillau에는 과거 프랑스 상류층들만의 전유물이었을 가히 '부르주아스러운' 액세서리들이 정갈하게 놓여있다. 신사들이 주머니 속에 지니고 다녔을 작고 가는 머리 빗(€25~), 캐시미어 전용 브러쉬, 코 속 털을 다듬는 가위, 다양한 스타일의 헤어핀(€15~), 해를 가릴 수 있는 챙 모자. 지금도 보통 사람들에게는 있으면 좋고 없어도 그만인 물건들. 하지만 '세심한 자기 관리'를 하는 사람들에겐 필수품인 것들 말이다. Laulhère는 기본 스타일 베레모(€50)와 어린이용 고양이 베레모(€92)를 Caillau를 통해 판매하고 있다.

Ⓐ 124 Rue du Faubourg Saint-Honoré, 75008 /
Saint-Philippe_de_Roule 역에서 도보 4분
Ⓗ 월~토 10:00~19:00, 일 휴무
Ⓜ Map → 8-B-1

SHOPPING : PHARMACIE

Pharmacy

안 사면 후회하는 약국 화장품 쇼핑

한국에서도 살 수 있는 프랑스 약국 화장품. 하지만 현지에서 사면 두세 배 더 저렴하고 세금 환급도 받을 수 있다.

* 가격은 약국마다 조금씩 차이가 있음.

a.

Pharmacie Monge 몽쥬 약국

제일 싼 약국은 아니지만, 한국인 직원이 있어 늘 한국인 관광객들로 인산인해를 이룬다. 하지만 한국인 직원이 각자 맡은 브랜드 위주로 추천하는 경향이 있으니, 객관적인 정보는 미리 알아 가는 게 좋다. 보통 약국에서는 취급하지 않는 고가의 화장품과 향수도 판매한다.

Ⓐ 74 Rue Monge, 75005 / Place Monge 역에서 도보 1분 Ⓗ 월~금 08:00~23:00, 토 08:00~22:00, 일 08:00~20:00 Ⓜ Map → 5-F-1

Nuxe Huile Prodigieuse
€21.48 / 100ml

눅스 멀티오일
머리, 얼굴, 목, 몸에 바르는 멀티오일. 끈적거리지 않는다.

Filorga Time-Filler Crème Absolue Correction Rides
€48.99 / 50ml

필로가 주름개선 크림
노화방지 전문 브랜드 필로가의 일명 '스팀 다리미' 크림.

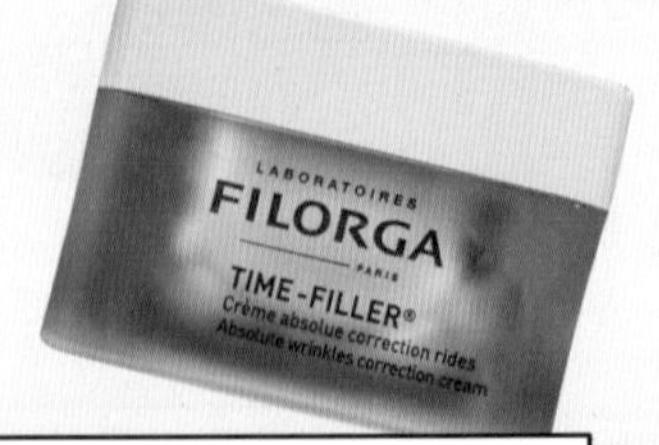

b.

City Pharma 시티 파르마

현지인들 사이에서 가장 싸기로 오래전부터 유명한 약국. 외국인과 현지인 손님이 고루고루 섞여 있다. 위층은 처방약 위주고, 화장품은 아래층에 브랜드 별로 정리되어 있어 찾기 쉽다. 사고자 하는 아이템 리스트가 있다면 현지인 직원에게 문의해서 시간을 더 절약할 수 있다.

Ⓐ 26 Rue du Four, 75006 / Saint-Germain-des-Prés 역에서 도보 2분 Ⓗ 월~토 08:30~20:00, 일 휴무 Ⓜ Map → 5-E-3

Bioderma lèvres Atoderm
€5.48 / 3x4g

바이오더마 립밤
필자가 써 본 립밤 중 가장 보습력이 뛰어나다. 주로 묶음 판매.

B5 La Roche Posay - Cicaplast Baume B5
€10.48 / 100ml

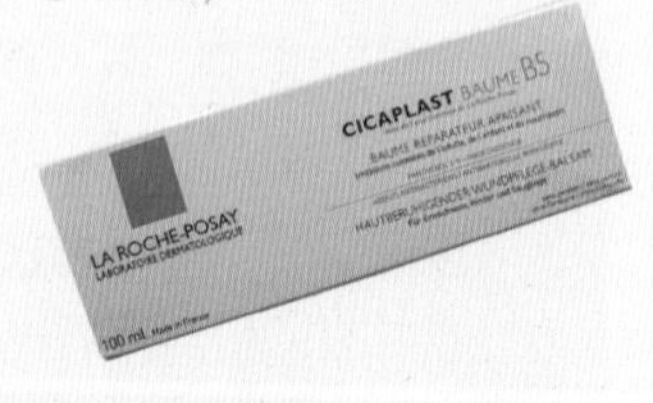

라로슈포제 씨칼플라스트 밤
손상된 피부, 가려움 등을 진정시키는 손상 개선 크림.

Condensé Soin Lissant Contour des Yeux
€40.99 / 15ml

꽁당쎄 아이크림
고농축 화장품, 특히 아이세럼과 아이크림이 유명하다.

Pharmacie Bir-Hakeim 비르아켐 약국

파리의 일반 약국보다는 저렴하다. 에펠탑 옆 Bir-Hakeim 역에 있어 근접성 면에서는 최고. 대단히 많은 양을 살게 아니라면 돈보다는 시간을 아끼는 게 더 현명할 때도 있다. 한국인 직원이 있고, 여행자의 편의를 위해 짐 보관 서비스도 제공한다.

Ⓐ 6 Boulevard de Grenelle, 75015 / Bir-Hakeim 역에서 도보 1분 Ⓗ 월~금 08:00~21:00, 토 09:30~20 :00, 일 휴무 Ⓜ Map → 8-D-3

Bioderma Créaline H2O
€16.99 / 2x500ml

바이오더마 클렌징 워터
저렴하고 싹싹 닦이는 클렌징 워터. 무거워서 많이 못 산다는 게 흠.

Darphin Soin d'Arômes (Jasmin)
€79.9 / 15ml

달팡 엘렉시르 자스민 오일
달팡의 일곱 가지 에센셜 오일 중 주름 완화와 리프팅 효과가 뛰어난 자스민 오일.

엠브리올리스 크림
로션+에센스+크림+메이크업베이스가 하나에. 고보습 멀티 크림.

Embryolisse Lait-crème concentré
€13.9 / 75ml

Darphin Hydraskin Rich.
€34.90 / 50ml

달팡 수분 크림
고보습을 자랑하는 데이 크림. 건성 피부에 좋다.

Furterer Forticea Shampooing
€8.99 / 250ml

휘르테레 샴푸
탈모 방지, 모발 강화 효과가 뛰어난 남녀 공용 샴푸.

아벤느 씨칼파트 재생 크림
여드름 자극이나 상처에 좋다. 한국에서는 S.O.S 크림으로 유명.

Avène Cicalfate Creme reparatrice
€6.20 / 40ml

TEA & CHOCOLATE

Kusmi Tea €13.4

쿠스미 티
녹차, 마떼, 루이보스, 자몽 향이 곁든
인퓨전 티, 노란 포장 'BB Detox'가 제일 유명하다.

Milka €1.46

밀카 초콜릿
스위스 밀크 초콜릿. 달고 부드러워
프랑스에서는 '어린이 초콜릿'으로 유명하다.

Côte d'or €2~3

꼬뜨도흐 초콜릿
땅콩, 아몬드, 헤이즐넛, 피스타치오 등의
견과류가 아낌없이 들어가 있어
인기 있는 벨기에 초콜릿.

SHOPPING : SUPERMARKET

Supermarket

알뜰한 선물, 슈퍼마켓 쇼핑 가이드

여행지에서의 시간은 참 빨리도 지나간다. 공항으로 가야 할 시간은 다가오고 못다한 쇼핑으로 마음이 조급하다면, 숙소에서 가까운 모노프리Monoprix 슈퍼마켓으로 달려가자. 저렴하다고 얕보면 안 된다. 파리 젊은이들 사이에서 인기 많은 인퓨전 차부터 고급 에피타이져인 푸아그라까지, 지인들에게 '프랑스 맛'을 선물 할 수 있는 아이템들이 가득하다.

COOKING

Plat cuisiné €2~4

2분 요리
전자레인지에 2분이면 완성. 송아지 스튜,
뵈프 부르기뇽까지 집에서 먹는 프랑스 요리.

Vinaigre de Mangue €7.2

망고 비네가
머스타드와 함께 비네가도 유명한 Maille 제품.
망고 향이 담긴 샐러드 맛이 궁금하다면.

Foie Gras €25

푸아그라
토스트에 발라 먹거나 샐러드와 함께
먹기도 하는 프랑스 고급 애피타이저.

Tapenade €2.65

타프나드
바게트 위에 얹어 먹는다. Noir(블랙올리브),
Vert(그린 올리브), Aumbergines(가지) 타프나드.

Chutney €2.15

처뜨니
푸아그라에 곁들여 먹는다. Confit de Figues
(무화과 처뜨니), Confit d'Oignon(양파 처뜨니).

JAM & BISCUIT

Macaron €4.99

냉동 마카롱(12개)
'냉동'이라는 말이 무색할 만큼 맛있다.
해동 후에는 3일 안에 먹어야 한다.

Biscuits-Bonne Maman €1.75

본마망 비스킷
빨간 색 체크 무늬가 상징. 과일 잼이
들어간 비스킷들이 특히 맛있다.

Chestnut Spread €3.99

밤 크림
아이스크림이나 샹띠이
크림에 얹어 먹기도 하고,
디저트를 만들 때도 사용된다.

Financiers €3.99

피낭시에
마들렌 케이크와 비슷한 것 같지만,
아몬드 가루가 들어간다.
디저트로 먹기 좋다.

La Mère Poulard €1.75

라 메흐 뿔라
몽생미셸 수도원 그림과 프랑스
국기 표시가 있는 포장부터
프랑스 냄새 폴폴.

Confitures-Bonne maman €1.65~2.94

본마망 과일 잼
Fraise(딸기), Framboise(산딸기),
Figues(무화가), Peche(복숭아),
맛도 가격도 다양하다.

BATH PRODUCTS

Le Petit Marseillais Gel Douche €2.19

르 쁘띠 마르세예 샤워젤
마린복 차림의 소년 로고를
모르는 프랑스 사람은 없을 정도로
오래된 브랜드.

Le Petit Marseillais Shampooing €1.99

르 쁘띠 마르세예 샴푸
다양한 향 만큼이나 다양한 색상의
케이스가 예뻐서 선물하기 좋다.

파리에서 숙소 예약하기

잘만 찾으면 파리의 숙소에서는 단순한 잠자리 이상의 경험을 할 수 있다.
오랜 시간 동안 자리를 지켜온 고풍스럽고 화려한 외관 건축, 프렌치 시크를 뽐내는 인테리어.
파리 여행은 덤, 이것이 진정한 호캉스다.

Small Luxury Hotel

파리에서의 호화로운 휴가를 결정했다면, 수백 명이 묵는 대형 프렌차이즈 호텔보다는 프랑스인 특유의 자부심이 깃든, 독립적으로 운영되고 있는 소규모 고급 호텔을 추천한다.

1 Hôtel Raphael
라파엘

파리에서의 럭셔리한 하룻밤을 꿈꾼다면 주저 없이 라파엘을 소개하고 싶다. 4대 째 가족 경영으로 내려오고 있는 파리지앵 독립 호텔 중 최고급. 오드리 헵번부터 그레이스 켈리까지 우아함의 상징인 셀럽들이 택한 바로 그 호텔. 프랑스의 화려함과 부유함이 절정에 이르렀던 16세기 스타일의 인테리어가 돋보이는 방들에는 호텔 가족들이 까다롭게 직접 수집한 앤티크 가구들이 자리하고 있다. 샹젤리제에서 고작 몇 걸음 거리, 에펠탑이 눈높이에 보이는 트로카데로까지 걸어서 15분. 에펠탑과 개선문, 몽마르뜨 언덕을 모두 볼 수 있는 파노라마 뷰의 루프톱(p.093)에서는 호텔을 벗어나지 않고도 명소들을 섭렵할 수 있다. 고상하고 스타일리시한 방 안에서 창 밖으로는 에펠탑과 개선문이 각각 보이는 에펠탑 스위트룸Eiffel Tower Suite과 개선문 스위트Arc de Triomphe Suite 룸은 더 이상 말이 필요 없다.

Ⓐ 17 Avenue Kléber, 75116 / Charles de Gaulle Étoile 역에서 도보 2분
Ⓟ 클래식 룸 €490~, 스위트 룸 €680~
Ⓤ www.leshotelsbaverez.com/fr/raphael Ⓜ Map → 8-B-2

파노라마 뷰가 펼쳐지는 멋진 점심식사, 라파엘 '프렌치 벤또'

호텔에 묵지 않더라도, 라파엘의 품격 높은 서비스를 즐길 수 있는 방법이 있다. 그 중 가성비와 가심비를 모두 만족시킬 수 있는 서비스는 바로 루프톱에서 즐기는 벤또 점심식사. 벤또라고 하니 일식이 아닐까 싶지만 일본의 도시락 스타일에서 영감을 받았을 뿐, 바게트가 함께 나오는 프랑스 식사의 센스 있는 변신. 애피타이저는 핑크 포멜로를 곁들인 아스파라거스나, 소고기 카르파치오, 메인 식사 역시 생선, 송아지, 소고기 세 가지 옵션 모두 셰프의 창의력을 요하는 고급 요리들로 구성된다. 디저트로는 에클레어, 마카롱 혹은 계절 과일. 3코스 점심식사가 49유로, 거기에 멋진 파노라마뷰까지. 단, 5~9월 하절기에만 이용 가능하다.
Ⓔ laterrasse@raphael-hotel.com(이메일 예약 필수)

Q & A

Q. 어떤 종류의 숙소가 있을까?

A. 세계적인 관광지인만큼 숙소의 종류도 다양하다. 저렴한 숙소로는 유스호스텔과 한인민박의 도미토리 룸이 25~35유로. 적당히 좋은 호텔로는 3성급 호텔 정도면 꽤 만족도가 높은 편, 120유로 이상을 잡는 것이 좋다. 일주일 이상 파리에 체류할 예정이라면 에어비엔비도 고려해볼 만 하다. 주방을 사용할 수 있어 식비도 절감되고, 동일한 가격의 호텔보다 넓은 공간이 장점이다.

Q 위치는 어디가 좋을까?

A. 파리는 생각보다 크지 않은 도시다. 1구에서 20구 어느 곳에 묵든 지하철로 시내 중심까지 20분이면 가기 때문에 특정 명소 바로 옆을 고집할 필요는 없다. 그렇다고 20구를 벗어나 외곽으로 갈 경우, 숙소 가격은 저렴해질지 몰라도 동네 분위기는 파리와는 많이 달라진다는 점을 기억하자. 시내 중심이라 움직이기 효율적이고, 현지인들이 많이 거주하여 안전하면서 편의 시설도 많은 라틴 지구, 생 제르망, 마레 지구 쪽을 추천한다.

Q. 숙소 예약 전, 한 번 더 체크해야 할 사항?

A. 파리의 호텔들은 타 도시에 비해 비싸면서 방은 좁고, 서비스가 간소한 편. 간혹 3-4성급 호텔임에도 커피포트나 냉장고가 없는 경우도 있으니, 필요하다면 반드시 체크하자. 에어비엔비의 경우, 가격이 너무 저렴하다 싶으면 고층에 위치하는데 엘리베이터가 없는 경우일 수도. 파리의 많은 명소들은 지하철로 편리하게 연결되어 있으니만큼 지하철역이 얼마나 가까운지도 중요하다.

2 Le Pavillon de la Reine
르 파비용 들 라 렌느

보쥬 광장을 둘러싸고 있는 17세기 귀족들의 저택 중 왕비를 위해 지어진 부분을 개조하여 지어진 마레 지구의 유일한 5성급 호텔. '왕비의 파빌리온'이라는 이름답게 기품과 우아함이 느껴진다. 대부분의 방은 프라이빗 정원 쪽으로 창문이 있어 로맨틱한 분위기를 자아내고, 보쥬 광장 쪽으로 창문을 둔 방에서는 맞은편으로 왕의 저택이 보인다. 국립 문화재이기도 한 건물 내부는 당시의 건축물 형태를 세심하게 보존한 흔적이 보인다. 스위트룸은 과거 보쥬 광장의 또 다른 저택의 주인이었던 빅토르 위고와 세비네 부인의 이름을 따서 지어졌고, 방은 산뜻하게 개조되어 오랜 역사를 담고 있지만 낡음이라고는 전혀 찾아 볼 수 없다.
활짝 열려 있는 호텔 정문 안으로 아름다운 정원이 슬며시 보여 보쥬 광장을 지나가던 사람들이 발을 멈추고 들여다보기도. 파리의 스몰 럭셔리 호텔에서는 드물게 전문적인 스파와 자쿠지를 갖추고 있어, 휴식과 힐링이 목적인 여행객들에게 제격이다.

Ⓐ 28 Place des Vosges, 75003 / Chemin Vert 역에서 도보 4분
Ⓟ 클래식 룸 €350~, 스위트 룸 €620~
Ⓤ www.pavillon-de-la-reine.com/fr Ⓜ Map → 6-C-4

여유로운 파리의 휴일,
왕비의 저택에서 즐기는 호텔 조식

시간이 금인 여행자들에게는 일찍 일어나서 먹는 조식이 삼시세끼 중 가장 중요할 때도 있다. 지나가는 사람들의 발길도 멈추게 할 정도로 아름다운 정원, 혹은 정원이 내다 보이는 저택의 서재처럼 꾸며진 내부에서 소수를 위해 마련된 조식 뷔페. 프렌치 스타일의 아침식사답게 다양한 종류의 페이스트리, 과일, 치즈, 요거트와 각 테이블에 놓여진 다양한 종류의 과일 잼과 버터는 호텔의 깐깐한 선택을 엿볼 수 있다. 두둑한 아침식사를 원하는 손님들을 위해 신선한 바게트에 베이컨과 스크럼블에그도 준비되어 있다. 날씨가 좋을 때 정원에 테이블 세팅을 요청하면 바로 준비해준다.

Ⓗ 매일 07:00~10:30 조식 뷔페 €35
Ⓣ 01 40 29 19 19 Ⓔ contact@pdlr.fr (전화 혹은 이메일 예약 필수)

Hôtel de l'Abbaye
3 아베이 호텔

파리의 오랜 역사와 파리지앵의 시크함, 트렌드까지 모두를 갖춘 생 제르망 지역에 위치해 있다. 4성급 호텔이라 저렴한 가격은 아니지만, 동급 호텔과 비교했을 때 여러가지 면에서 가성비가 훌륭하다. 우선 16세기 저택을 호텔로 개조한 이후 꾸준히 재건축과 관리를 거듭해 일부 방은 듀플렉스 아파트로 꾸며져 있다. 생 제르망 지역에서는 드물게 프라이빗 정원을 갖출 정도로 넓은 공간도 장점. 고급스러운 프렌치 분위기가 묻어나는 호텔 전체적인 인테리어와 세심한 서비스는 5성급 호텔과 견주어도 부족함이 없다. 호텔에 묵지 않더라도 세련된 테라스 카페와 고풍스러운 로비 바를 이용할 수 있다. (p.093 '아베이 호텔 정원 바' 참조)

Ⓐ 10 Rue Cassette, 75006 / Saint-Sulpice 역에서 도보 2분
Ⓟ 클래식 룸 €240~, 듀플렉스 아파트 €590~
Ⓤ hotelabbayeparis.com/fr Ⓜ Map → 5-E-3

Trendy Hotel 파리의 편안하고 자유스러운 분위기가 그대로 느껴지는 트렌디한 호텔에 묵는 것도 파리를 즐기는 또 하나의 방법

Hotel Monte Cristo
1 호텔 몬떼 크리스또

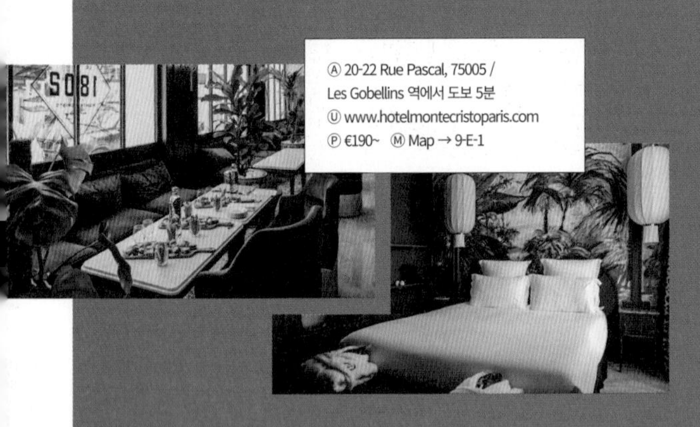

Ⓐ 20-22 Rue Pascal, 75005 / Les Gobellins 역에서 도보 5분
Ⓤ www.hotelmontecristoparis.com
Ⓟ €190~ Ⓜ Map → 9-E-1

2018년 6월 라틴 지구의 조용한 주택가에 막 문을 연 따끈따끈한 신상 호텔. 전혀 관련이 없을 것 같은 열대 아마존과 오리엔탈 느낌이 섞여 신비로운 분위기를 연출한다. 여기에 프랑스 소설가 빅토르 위고와 알렉상드르 뒤마의 문학작품에서 영감을 받은 그림들이 방과 로비 곳곳에 등장하기도. 각각의 방은 뚜렷한 테마가 돋보이는 인테리어에 가구 역시 독특한 수집품들이라 며칠을 묵는다면 방을 바꿔가면서 묵고 싶을 정도. 창 밖으로 파리의 오스만 스타일 건축물이 특징인 도시 뷰도 인상적이다. 로비에는 트렌디한 바를 운영하고, 지하에는 24시간 사용할 수 있는 수영장과 사우나가 있다.

C.O.Q Hotel
2 꼬끄 호텔

Ⓐ 15 Rue Edouard Manet, 75013 / Campo-Formio 역에서 도보 4분
Ⓤ www.coqhotelparis.com
Ⓟ €119~ Ⓜ Map → 9-F-1

빈티지하면서 시크한 스타일의 디자인 호텔. 로비를 들어서는 순간부터 센스 넘치는 소품 하나하나에 시선이 자연스럽게 옮겨간다. 유럽 홈 인테리어 잡지에서 봤음직한 자유분방한 스타일이면서도 오묘하게 조화로운 것이 구석구석 전문가의 손길이 느껴진다. 호텔 로비와 방 모두 뉴욕 빈티지를 모방한 젊은 파리지앵 두 디자이너의 작품. 호텔에 들어서는 순간, 더 이상 나가고 싶지 않아질 수도. 가만히 앉아만 있어도 편안하고 기분이 좋아지는 로비에서 아침식사는 물론, 주말에는 29유로에 브런치 뷔페를 즐길 수 있다.

Ⓐ 30 Rue de Maubeuge, 75009 / Cadet 역에서 도보 4분
Ⓤ www.astotel.com/hotel/palm-opera Ⓟ €86~ Ⓜ Map → 5-A-2

3 Hôtel Palm-Astotel
호텔 팜-아스토텔

언뜻 보면 심플하고 모던한 스타일. 하지만 벽지와 소품, 색감을 자세히 보면 1950~60년대 빈티지 팝 스타일. 조잡하지 않고 미니멀한 장식으로 깨끗한 느낌이 돋보이는 호텔이다. 파리 호텔들의 어쩔 수 없는 단점인 작은 방 사이즈가 흠이라면 흠. 대신 파리 중심인 위치, 그럼에도 불구하고 비싸지 않은 가격, 오페라 가르니에와 백화점의 근접함, 공항버스가 내리는 지점에서 도보로 15분 거리 밖에 되지 않는 등 장점이 더 많은 호텔이다.

4 Mama Shelter
마마 쉘터

Ⓐ 109 Rue de Bagnolet, 75020 / Gambetta 역에서 도보 10분
Ⓤ www.mamashelter.com/fr/paris Ⓟ €89~ Ⓜ Map → 4-C-3

파리를 살아가는 예술가들의 작업실이 몰려있는 20구에 위치한 젊고 쿨한 분위기의 2성급 호텔. 파리 중심에서 조금 벗어났을 뿐인데 시내 중심의 호텔보다 널찍하면서 저렴하다. 5성급 호텔과 동일한 고급 침대를 사용하고 유명한 프랑스 셰프인 기 사부아가 개발한 메뉴를 선보이는 레스토랑을 갖추고 있다. XL MAMA Terrace 룸(€229~)은 프라이빗 테라스가 있어 로맨틱한 분위기를 낼 수 있다.

Hostel

저예산의 숙소라고 두 다리 쭉 뻗고 잠만 잘 수 있으면 되지 하는 생각은 금물, 잠자리 이상의 이색적인 경험은 절대 포기하지 말자.

1 MIJE
미즈

Ⓐ 11 Rue du Fauconnier, 75004 / Saint-Paul 역에서 도보 3분
Ⓤ www.mije.com Ⓟ 도미토리 €35 Ⓜ Map → 6-B-4

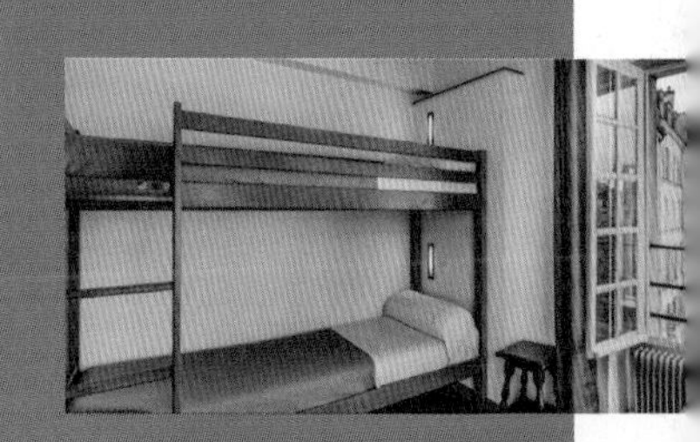

비영리 단체에서 운영하고 있는 프랑스 유스호스텔. 마레 지구의 한적한 동네에 위치한 세 건물 모두 12-17세기에 지어진 귀한 건축물. 내부에는 고즈넉한 정원이 있고, 모든 시설은 완벽에 가까울 정도로 관리가 잘 되어 있다. 보통 호스텔과 달리 방 안에 침대가 띄엄띄엄 있고 조용한 호텔 분위기. 대부분의 손님들은 프랑스 지방 여행객들, 널찍한 테이블에 앉아 무료로 제공되는 아침식사를 즐기며 프랑스 친구를 사귈 수 있을지도 모른다.

2 Les Piaules
레 삐올

Ⓐ 59 Boulevard de Belleville, 75011 / Belleville 역에서 도보 3분
Ⓤ www.lespiaules.com Ⓟ 도미토리 €20~, 2인실 €97~ Ⓜ Map → 4-A-3

파리 중심가와 꽤 가까우면서 이렇다 할 관광지는 없어 더욱 더 로컬 분위기 나는 파리 11구에 위치해 있다. 호스텔을 전전하며 여러 나라를 여행한 젊은 세 친구가 그들만의 노하우를 살려 창업한 트렌디한 호스텔. 아랫 층의 바는 동네 사람들도 즐길 수 있지만, 전망 좋은 루프톱 바는 오로지 투숙객들만 이용 가능. 호스텔의 깔끔함, 직원들의 친절함이 무엇보다도 손꼽히는 장점. 가까운 벨빌 Belleville 역 주변으로 저렴한 다국적의 식당과 바, 까페가 많다.

3 St. Christopher's Inns
세인트 크리스토퍼스 인

(생 마르땅 운하 점) Ⓐ 159 Rue de Crimée, 75019 / Crimée 역에서 도보 5분 Ⓜ Map → 3-A-1
(북역 점) Ⓐ 5 Rue de Dunkerque, 75010 / Gare du Nord 역에서 도보 3분 Ⓜ Map → 7-F-1
Ⓤ www.st-christophers.co.uk Ⓟ 도미토리 €28~, 2인실 €98~

유럽 여러 도시에 체인으로 운영되고 있는 배낭여행자들을 위한 대형 백패커스. 파리의 웬만한 호텔보다 큰 규모의 건물, 산뜻한 인테리어에 방도 넓다. 투숙객들에게만 제공되는 무료 워킹 투어가 있고, 저렴하게 근교 투어도 신청 가능. 로비에는 쿨한 분위기의 바를 운영하고 있어 밤에 밖에 나가지 않고도 자기 전까지 신나게 놀 수 있다. 파리에는 북역과 생 마르땅 운하 두 개의 체인점이 있는데, 현지인들이 즐겨 찾는 평화로운 분위기의 생 마르땅 운하 점을 추천한다.

ATTRACTIVE SUBURBS : AROUND PARIS

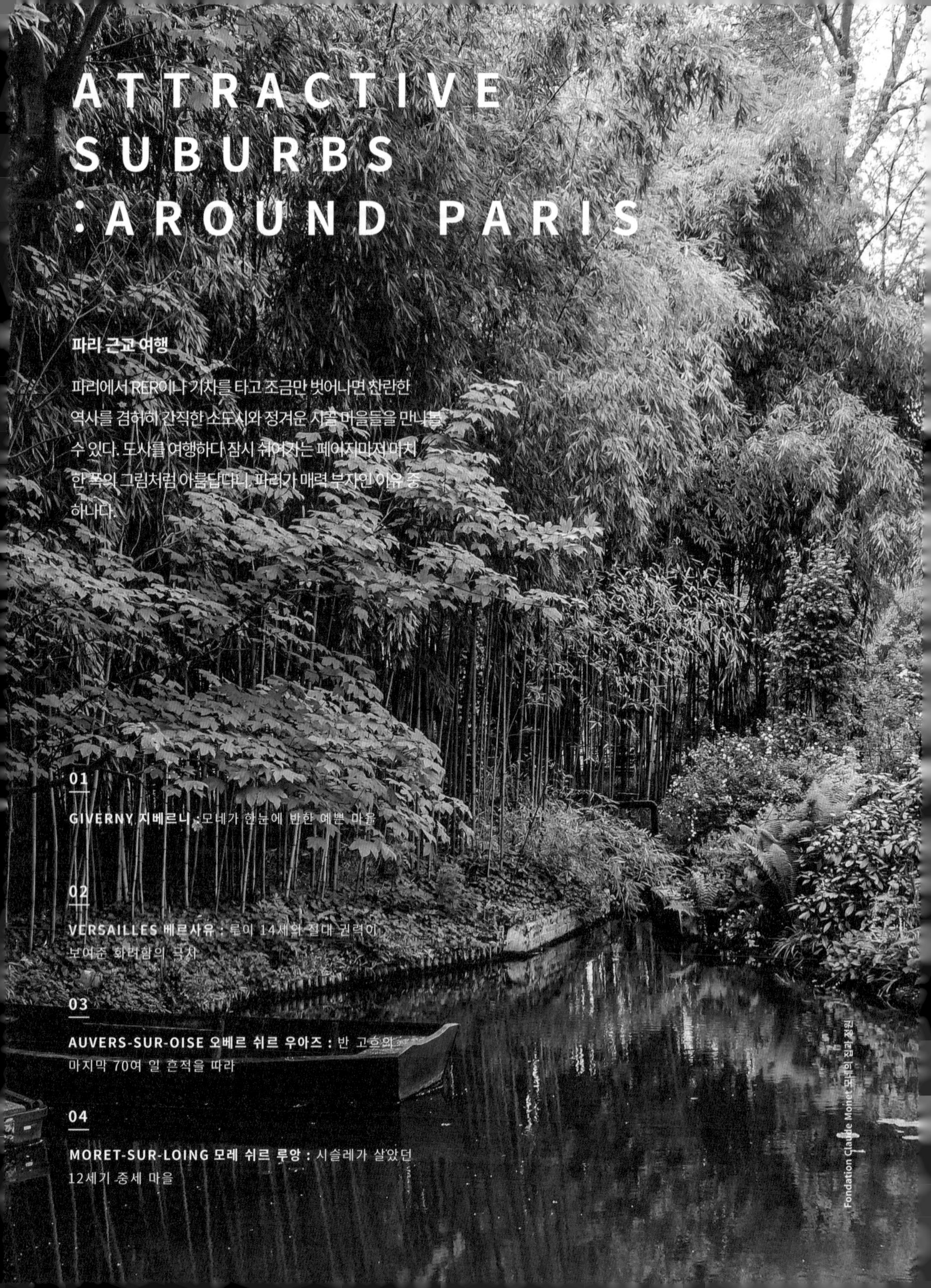

파리 근교 여행

파리에서 RER이나 기차를 타고 조금만 벗어나면 찬란한 역사를 겸허히 간직한 소도시와 정겨운 시골 마을들을 만나볼 수 있다. 도시를 여행하다 잠시 쉬어가는 페이지마저 마치 한 폭의 그림처럼 아름답다니. 파리가 매력 부자인 이유 중 하나다.

01

GIVERNY 지베르니 : 모네가 한눈에 반한 예쁜 마을

02

VERSAILLES 베르사유 : 루이 14세의 절대 권력이 보여준 화려함의 극치

03

AUVERS-SUR-OISE 오베르 쉬르 우아즈 : 반 고흐의 마지막 70여 일 흔적을 따라

04

MORET-SUR-LOING 모레 쉬르 루앙 : 시슬레가 살았던 12세기 중세 마을

Fondation Claude Monet 모네의 집과 정원

파리에서 지베르니 가는 방법 Ⓜ Map → 1

1. 생라자르Gare de Saint Lazare 역에서 출발
베흐농 지베르니 Vernon-Giverny 행 기차 탑승.
소요시간: 약 55분, 편도 요금: €9~

2. 지베르니 기차역에서 지베르니 마을 가는 방법
Vernon-Giverny 역에 내리면, 마을로 들어가는 셔틀버스(€5/편도)나 미니 열차(€5/편도) 정거장 표시가 바로 눈에 띈다. 둘 중 어느 것을 타든 약 20분 정도 소요.

1 GIVERNY 지베르니
모네가 한눈에 반한 예쁜 마을

파리 근교 마을 중 가장 아름다운 곳을 꼽으라면 단연 '모네의 정원'이 있는 지베르니다. 그림 그리는 시간 외에는 정원 가꾸기에 몰두했던 모네의 열정이 고스란히 남아 있는 정원은 어느 누구도 반하지 않을 수가 없다. 모네의 집을 나오면 아기자기한 갤러리와 카페를 따라 자연스레 발길이 옮겨지는 클로드 모네의 길Rue de Claude Monet은 화사함으로 물들여진 꽃 길. 봄과 여름에는 튤립과 장미가, 가을에는 버건디 색감이 짙은 꽃들이 만발해 있는 마을은 둘러보는 내내 꽃 향기가 가득하다.

a. Fondation Claude Monet 모네의 집과 정원

모네의 집

기차를 타고 가던 중 창 밖을 보다 우연히 발견한 지베르니에서 모네는 여생의 절반을 보냈다. 총 10개의 방으로 구성된 그의 2층 집은 당시 부유했던 그의 인생 말기의 삶이 그대로 담겨 있다. 직접 선택한 산뜻한 색상의 벽과 그 벽에 붙은 타일들, 걸려 있는 식기들 하나하나가 모두 예뻐 보는 내내 즐겁다. 집에서 창문을 통해 바라다 보이는 정원을 보며 그는 또 얼마나 뿌듯했을까.

모네의 정원

모네가 남다른 애착으로 가꾼 정원에서는 수많은 작품이 탄생했다. 오랑쥬리 미술관(p.064)에 전시된 <수련> 연작에 등장한 연못은 그때의 모습 그대로 가꿔져 있어 놀라울 정도. 돈이 모일 때마다 정원을 더 크게 늘렸고, 기찻길 앞까지 정원이 늘어나자 땅 밑에 터널을 뚫어 길 건너편까지 정원을 연장했다. 현재는 기찻길이 아닌 그냥 길이지만 여전히 터널을 통과해야 지날 수 있다. 일본 문화에 대한 막연한 환상으로 설치한 초록색의 일본식 다리는 그의 그림에도 자주 등장했다.

Ⓐ 84 Rue Claude Monet, 27620 Giverny
Ⓗ 매일 09:30~18:00 (4월 1일부터 11월 1일까지만 오픈)
Ⓟ 성인 €11, 7세 이상 어린이 및 학생 €6.5, 7세 미만 무료

b. 모네의 무덤

클로드 모네의 길Rue de Claude Monet의 끝에는 작은 시골 교회와 그 뒤로 마을의 묘지가 있다. 이곳에서 백내장을 앓다 86세의 일기로 사망한 모네와 가족의 무덤을 발견할 수 있다. 모네의 이름 옆으로는 가족들의 이름이 나란히 적혀 있다.

Ⓐ 53/55 Rue Claude Monet, 27620 Giverny

BAKERY

Au Coin du Pain'tre 오 꾸앙 뒤 빵트르

여러 언어로 뒤섞여 있는 간판에는 '빵'이라고 적힌 한글도 보인다. 새 소리가 들리는 넓은 정원 테이블에서 즐기는 시골 인심 가득한 아침식사가 꽤 맘에 든다. 신선한 바게트와 페이스트리, 홈메이드 잼과 버터, 커피 한 잔과 오렌지 주스. 이렇게 다해서 고작 6유로. 점심에는 매일 메뉴가 바뀌는 간단한 식사가 10유로 안팎, 빵집인데 독특하게 와인도 주문할 수 있다.

Ⓐ 73 Rue Claude Monet, 27620 Giverny
Ⓗ 매일 08:00~19:00

RESTAURANT

Le Jardin de Plumes 르 자흐당 드 쁠륌

동화 속에 나올 법한 아기자기한 호텔에서 운영하고 있는 지베르니의 유일한 미슐랭 레스토랑. 인구가 고작 500여 명뿐인 마을에 이런 고급 식당이 있다는 것은 참 드문 일이다. 소박한 호텔 외관과는 달리 넓은 정원과 건물 내부는 고급스러운 분위기. 입 안에서 살살 녹는 육질이 여느 레스토랑의 것과 확실히 다르다. 신선한 풀잎과 꽃잎 데코가 마치 인상파 화가의 그림 같아 낭만적이기까지.

Ⓐ 1 Rue du Milieu, 27620 Giverny
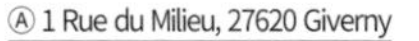
Ⓗ 매일 12:15~13:30/19:30~21:00
Ⓟ 평일 점심 3코스 €65, 어린이 메뉴 €22 (예약 권장)

2 VERSAILLES 베르사유
루이 14세의 절대 권력이 보여준 화려함의 극치

파리에서 베르사유 궁전 가는 방법 Ⓜ Map → 1

1. RER C 이용
베르사유 샤또 리브 고슈Versailles Chateau Rive Gauche 역에서 하차. 도보 10분.
요금: 왕복 €7.3, 1-5존까지 포함한 나비고나 모빌리스 사용 가능.

2. 베르사유 셔틀버스 이용
에펠탑 근처에서 출발. 홈페이지에서 예약 후에 이용 가능.
요금: 왕복 €24, www.versaillesexpress.com

**파리 근교에서 가장 인기 있는 여행지 베르사유 궁전! 파리에서 20km 밖에 떨어져 있지 않아 RER을 타고 간편하게 다녀올 수 있다.
절대왕정 시기, 루이 14세는 모든 왕들과 귀족들로부터 부러움을 살 수 있는 궁전을 원했고, 그렇게 호화롭게 꾸며진 베르사유 궁전이 탄생한다. 그의 아버지의 사냥 별장이었던 곳이 궁전으로 탈바꿈 되면서 3만여 명의 인력이 50여 년에 걸쳐 완성한, 루이 14세의 절대 권력이 보여준 화려함의 극치. 프랑스 국민부터, 전 세계에서 몰려드는 외국인 방문객까지, 베르사유는 365일 한가할 날이 없다.**

베르사유 궁전
Ⓐ Place d'Armes, 78000 Versailles / Versailles Chateau Rive Gauche 역에서 도보 10분
Ⓗ 입장시간: 궁전/트리아농/정원 09:00~18:30/12:00~18:30/08:00~20:30, 월요일 휴무(정원은 매일 오픈)
분수쇼 하는 날: 화/금/토(평균적으로 4월부터 10월 사이에만, 정확한 날짜는 홈페이지 확인)
Ⓟ 입장료: Passport(궁전+정원+트리아농+왕비의 촌락) €20/€27(분수쇼 있을 시), 궁전 €18, 정원+트리아농+왕비의 촌락 €12, 정원 무료/€9.5(분수쇼 있을 시)

고생은 덜고, 즐거움은 더해 줄 스마트 방문 팁

Step 1. 준비
프랑스에 오면 반드시 들르게 되는 베르사유 궁전. 그만큼 베르사유 방문은 '줄 서는 행위의 연속'이라고 해도 과언이 아니다. 줄을 피할 수는 없지만, 수고를 최대한 덜고 싶으면 철저한 준비는 필수!

1. 뮤지엄패스를 구입하거나 홈페이지에서 베르사유 티켓을 미리 예약하자.
티켓 구매를 위한 줄을 스킵하고 바로 입장을 위한 줄에 합류할 수 있다. 뮤지엄패스 소지자라도 정원 분수쇼가 있는 날은 정원 티켓을 별도로 구매해야 한다. (www.chateauversailles.fr)

2. 오픈 시간에 맞춰 최대한 일찍 가기. 금/토/일은 관광객이 가장 많은 요일
하루 종일 길다란 줄이 끊이지 않는다. 오전부터 버스에서 단체 관광객들이 우르르. 입장 시간보다 조금 일찍 가면 시간을 절약할 수 있다. 금/토/일은 프랑스 지방 관광객과 주변국의 외국인들이 대거 합류해 줄이 더 길어질 수 있다.

3. 길다란 줄을 서기 위한 만반의 준비, 날씨 체크
티켓을 예매했거나, 뮤지엄패스가 있다고 해도 입장하는 줄은 무조건 서야한다. 줄 서는 곳은 다름 아닌, 바람막이나 그늘 한 점 없는 허허벌판의 광장. 날씨를 체크하고 우산이든 양산이든 챙겨가야 후회가 없다.

4. 한국어 무료 오디오 가이드는 선택

입장했다고 끝이 아니다. 무료 오디오 가이드를 '겟' 하려면 또 한 번 줄을 서야 한다. 이어폰 준비는 필수. 줄이 너무 길다면 과감하게 포기하고, 대신 미리 궁전에서 꼭 봐야할 곳들을 인터넷에서 찾은 후 프린트 해와 줄 서는 동안 읽어 두는게 더 현명할 수도.

5. 점심 피크닉 준비해 가기

궁전과 공원을 모두 보려면 점심시간을 넘기지 않을 수 없다. 방문객 수에 비해 식사할 만한 곳이 턱 없이 부족한 편. 오기 전 슈퍼마켓이나 제과점에서 바로 먹을 수 있는 샐러드와 샌드위치, 음료 등을 사와 정원에서 피크닉을 즐기자. 피크닉 가방은 궁전에 입장해서 맡겨야 하지만 비싼 레스토랑 앞에서 또 한 번 줄을 서는 것보다 여러 모로 절약이다.

6. 베르사유 궁전과 묶어서 가기 좋은 파리 명소

여행 기간이 짧아 베르사유 궁전을 마치고 파리의 또 다른 명소를 가고 싶다면 기왕이면 지하철을 갈아타지 않고 한 번에 갈 수 있는 곳으로. 베르사유와 함께 같은 RER C 노선에 있는 에펠탑(Champ de Mars 역), 오르세 미술관(Musée d'Orsay 역) 그리고 노트르담 성당(St-Michel Notre Dame 역)을 추천한다.

4. 그 밖에 태양왕 루이 14세와 마리 앙뚜아네트의 초상화도 숨은 그림 찾기 하듯 찾아보자.

Step 2.

궁전에서 놓치지 말아야 할 곳

무려 700개의 방으로 이루어져 있는 궁전. 인파에 휩쓸려 보이는 대로 그냥 보는 게 상책일 수도 있다.
하지만 이곳만은 놓치지 말자. 관련 정보를 인터넷에서 찾아 프린트해가면 더욱 좋다.

1. Galerie des Glaces 거울의 방

궁전에서 가장 인기 있는 곳. 당시 값을 매길 수 없을 정도로 귀했던 거울들이 사방을 둘러싸고 있다. 크리스탈 샹들리에와 황금 촛대, 화병 등도 당대 최고급품. 창문을 통해 내려다 보이는 정원 뷰도 놓치지 말자.

2. Grand Appartement du Roi 왕의 아파트

매일 아침 6시부터 10시까지 집무 회의가 열렸다고 한다. 루이 14세와 15세에 걸쳐 프랑스의 역사가 만들어진 곳.

3. Grand Appartement de la Reine 왕비의 아파트

마리 앙뚜아네트가 사용한 모습 그대로 보존되어 있다. 사치스러웠다는 그녀의 취향은 어땠을지 궁금증을 조금 풀 수 있다.

Step 3.

정원을 즐기는 현명한 방법

베르사유 방문의 핵심은 바로 '정원'이라는 말이 있을 정도로 정원을 빼놓고는 베르사유에 다녀왔다고 할 수 없다. 약 8백 헥타르에 달하는 크기, 17-18세기 거장들의 조각품만도 200점. 당대 최고의 조경사였던 앙드레 르 노트르의 명작인 정원은 이미 입장하는 순간부터 '와~' 하는 감탄이 절로 나온다. 하지만 정원 한참 안쪽에 있는 그랑 트리아농, 쁘띠 트리아농, 왕비의 촌락까지 보려면 정원 안 교통수단을 이용하는 편이 낫다.

01 자전거 : €7/30분, €9/1시간, 15분마다 €2.25추가, €19/4시간

02 쁘띠 트레인 : 일반 €8.5, 11세 이하 무료 (정원 내 몇 곳에서 하차 가능. 10~15분 마다 오는 다음 기차를 다시 탈 수 있다.)

03 전동차 : €38/1시간, 15분마다 €9.5추가

04 세그웨이 : €35/1시간, €55/2시간

05 보트 : €14/30분, €18/1시간, 15분마다 €4.5 추가 (운하를 따라 성에서 트리아농까지 갈 수 있다.)

가장 인기 있는 교통수단은 쁘띠 트레인. 단, 줄을 한 번 더 서야 하는 수고가 따른다. 두 다리가 튼튼하다면 자전거 1시간 렌탈, 3인 이상이라면 전동차가 더 합리적인 선택일 수 있다.

파리에서 오베르 쉬르 우아즈로 가는 방법 Ⓜ Map → 1

파리 북역Gare du Nord에서 출발

빵뚜아즈Pantoise 역 혹은 발몽두아Valmondois 역으로 가는 기차 탑승 -> 빵뚜아즈 역 혹은 발몽두아 역에서 오베르 쉬르우아즈Auvers-sur-Oise 행 기차로 환승

소요시간: 약 1시간 20분

요금: 약 €9, 파리 1-5존 사용 가능한 나비고 혹은 모빌리스 사용 가능.

3 AUVERS-SUR-OISE 오베르 쉬르 우아즈

반 고흐의 마지막 70여 일 흔적을 따라

별로 특별할 것 없어 보이는 작은 마을에는 구석구석 반 고흐의 슬픈 흔적들이 남아 있다. 그를 치료했던 가셰 박사, 여인숙 주인의 딸, 마을의 계단, 오베르 쉬르 우아즈에 살며 눈에 닿는 모든 것을 반 고흐는 캔버스에 담았다. 70여 일 동안 80여 점의 그림이라니, 하루에 한 점 이상은 그린 셈. 마치 곧 죽음이 다가옴을 알고 있었던 것처럼 하루하루를 열정적으로 살았던 그의 마지막 숨결이 느껴지는 듯 하다.

a. Auverge Ravoux 라부 여인숙

반 고흐는 이 곳에서 방 값이 가장 저렴했던 라부 여인숙에 묵었다. 그가 숨을 거둔 방은 '자살이 일어난 방'이라는 딱지가 달려 더 이상 손님을 받지 않았단다. 당시의 물건들도 모두 버려 현재에는 뼈대만 앙상하게 남은 침대와 큰 울림만이 자리할 뿐. 그의 일생이 담긴 10분간의 비디오를 보고 나면 눈시울이 붉어진다.

Ⓐ 52 Rue du Général de Gaulle, 95430 Auvers-sur-Oise

Ⓗ 수~일 10:00~18:00, 월/화 휴무 (3월 1일부터 10월 말까지 오픈)

Ⓟ 일반 €6, 12~17세 €4, 12세 미만 무료

Tip. 마을 돌아보기

기차역에서 멀지 않은 관광 안내소에 가면 한국어로 된 마을 지도를 무료로 얻을 수 있다. 지도에는 고흐가 그린 <시청>, <오베르의 계단길>, <오베르 쉬르 우아즈의 교회>, 그리고 <까마귀가 나는 밀 밭> 등 꼭 봐야 할 곳들이 친절하게 표기가 되어 있어 큰 도움이 된다.

b. Cimetière d'Auvers-sur-Oise 반 고흐의 무덤

형이 죽어가고 있다는 소식을 듣고 한 걸음에 달려온 동생 테오의 품 안에서 1890년 7월 27일 반 고흐는 숨을 거뒀다. 교회에서 몇 걸음 위에 위치한 묘지에는 빈센트 반 고흐의 무덤과 6개월 뒤에 죽은 동생 테오 반 고흐의 무덤이 나란히 있다. 무덤 주변에는 방문객들이 놓고 간 꽃과 편지가 발견되기도 한다.

Ⓐ 95430 Auvers-sur-Oise Ⓗ 매일 10:00~19:30

4 MORET-SUR-LOING 모레 쉬르 루앙
시슬레가 살았던 12세기 중세 마을

파리에서 모레 쉬르 루앙 가는 방법 Ⓜ Map → 1

리옹Gare de Lyon 역에서 출발

몽트호Montereau 혹은 몽타흐지Montargis 행 기차를 타고 모레-버너 레 사블롱Moret-Veneux Les Sablons 역에서 하차.
소요시간 약 50분, 요금: 약 €9

Tip. 기차역에서 마을까지는 도보로 15분 직진.

파리에서 기차로 고작 한 시간, 12세기 중세의 목조 건물들이 아기자기한 모레 쉬르 루앙에 도착한다. 12-13세기 왕이 거주했던 성곽과 뾰족한 지붕의 건물들이 영화 세트장을 연상 시킨다. 걸어서 한 두 시간이면 충분한 작은 마을. 19세기에는 인상파 화가들이 풍경화를 그리려 너도나도 몰려들었고, 알프레드 시슬레는 일생의 마지막 10년을 이곳에서 보냈다. 마을 곳곳에서 발견되는 그의 그림과 현재를 비교해보면 마을은 100년 전이나 지금이나 하나도 변함이 없다.

a. Maison de Sisley 시슬레의 집

바르비종을 거쳐 모레 쉬르 루앙에 정착한 시슬레가 가족과 함께 눈을 감기 전까지 살았던 집. 현재는 누군가가 살고 있어, 대문 위에 그가 1889년까지 살았다는 팻말을 볼 수 있는 것이 전부다. 관광객들이 자꾸 찾아오면 집 주인이 싫어하지 않을까 걱정했는데, 다행인지 아닌지 7월에 찾아간 그의 집 앞은 고요했다.

Ⓐ Rue du Donjon, 77250 Moret sur Loing

b. Point Sisley 시슬레 포인트

1815년 3월 19일에서 20일까지 나폴레옹이 하룻밤 머물렀던 방이라는 팻말이 붙어 있다. 아래층에는 시슬레의 그림들과 인상파 화가들의 그림을 전시한 갤러리. 무료로 방문할 수 있고, 엽서를 구입할 수 있는 기념품점 역할도 한다.

Ⓐ 24 Rue Grande, 77250 Moret sur Loing
Ⓗ 목/토/일 15:00~18:00

시슬레의 집

시슬레 포인트

c. ÉGLISE NOTRE-DAME 노트르담 성당

12세기에 지어진 노트르담 성당. 차곡차곡 쌓여 만들어진 벽돌에서 세월의 흔적이 느껴진다. 동시대에 지어진 파리의 노트르담 성당에 비해 화려함은 쏙 빠지고, 시골스러운 분위기가 묻어난다. 성당 앞에 있는 시슬레가 그린 성당 그림 팻말과 비교해서 보는 것을 잊지 말자.

Ⓐ 77250 Moret-sur- Loing

d. Le Loing 루앙강

루앙강 주변으로 시슬레의 그림들이 많이 발견된다. 강가의 위치를 옮겨가며 시슬레는 목조 다리와 돌 다리를 주제로 여러 작품을 그렸다. 마을이 워낙 작아 그럴 만도 하다는 생각이 든다. 더운 날이면, 루앙강은 수영이나 태닝을 하러 나온 현지인들로 붐빈다. 수영복을 안 챙겨 온 게 어찌나 후회스럽던지. 시슬레의 그림 속 장소라 더 의미 있다.

보리 사탕Sucre d'Orge은 꼭 맛보자.

루이 14세 시기 베네딕트회 수녀들이 처음 만들기 시작한 300년이 넘는 역사를 가진 모레 쉬르 루앙의 특산품. 사탕치고 가격이 조금 사악하지만, 보리 사탕 박물관에서 만들어지는 과정을 담은 15분 간의 영상으로 보고 나면 그 가격이 이해가 간다. 세심한 수작업을 요하는 17세기의 제조법 그대로 따르고 있다고. 보리 사탕을 파는 상점은 노트르담 성당 옆, 마을에서 가장 오래되어 보이는 건물에 있어 놓치기 쉽지 않다.

Musée du Sucre d'orge 보리 사탕 박물관
Ⓐ Rue du Pont, 77250 Moret-sur-Loing
Ⓗ 수~일 15:00~18:00, 월/화 휴무 Ⓟ 입장료 €2

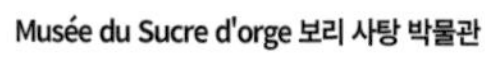

La Maison du Sucre d'Orge 보리 사탕 상점
Ⓐ Place Royle77250 Moret-sur-Loing
Ⓗ 화~일 10:00~12:30/15:00~19:00, 월 휴무

RESTAURANT

루앙강을 건너기 전, 부르고뉴 문Porte Bourgogne 앞에 몇몇 식당들이 몰려 있다.

La Porte de Bourgogne Restaurant
라 포흐뜨 드 부르고뉴 레스토랑

모레 쉬르 루앙이 접경하고 있는 부르고뉴 지방의 특식을 즐길 수 있다. 점심 2코스가 약 25유로 정도. 테라스에서 부르고뉴 와인 한 잔과 함께 한적한 시골 정취를 느끼기 좋다.

Ⓐ 66 Rue Grande, 77250 Moret-sur-Loing
Ⓗ 화/수/일 11:30~15:00, 목~토 08:00~23:00, 월 휴무

La Poterne 라 뽀떼흐느

간단하고 저렴한 가격의 식사를 원한다면 크렙은 언제나 옳다. 12유로 이하의 크렙이나 15유로에 푸짐한 샐러드를 먹을 수 있다. 강이 내려다 보이는 테라스 자리를 맡으려면 점심시간보다 조금 일찍 가야 한다.

Ⓐ 1 Rue du Pont, 77250 Moret-sur-Loing
Ⓗ 월~금 12:00~14:00 / 19:00~21:00, 토/일 09:00~21:00

Traveler's Note

"파리에 대한 막연한 로망은 있지만, 막상 가려고 하니 모르는 것 투성이.
본격적인 탐구에 들어가기 전에 간단한 워밍업으로 기초부터 탄탄하게 다져보자."

105.4km^2

서울 면적(605.21 km^2)의 1/6크기. 런던(1,572 km^2)과 로마(1,285 km^2) 등 주변 국가의 수도와 비교해도 현저히 작지만, 명소들이 도시에 흩어져 있어 많이 걷고 대중교통도 적절히 이용해야 한다.

2.24 millions

파리의 인구는 약 224만 명, 인구밀도는 1km^2 당 2.1만 명으로 1.6만 명인 서울보다 높다. 파리를 포함한 근교 지역을 일컫는 '일 드 프랑스'의 인구는 약 1,200만 명으로 프랑스 전체 인구의 약 20%를 차지한다.

33.8 millions

2017년 파리를 찾은 방문객의 수는 약 3,380만 명. 하루에 거의 10만 명이 파리를 방문한 셈. 이 중 절반에 해당하는 42%가 프랑스 내 관광객이며, 독일과 미국인들이 각각 19%와 18%를 차지했다.

90 days

다른 유럽연합국과 마찬가지로 프랑스는 어느 도시든 여행을 목적으로 방문하는 사람은 90일까지 무비자로 체류할 수 있다.

11.3 °C

연평균 기온은 11.3도. 가장 더운 달은 7월로 평균 20도, 가장 추운 달은 1월로 5도 정도 된다. 연중 강우량이 높으며 비가 오는 날에도 건조한 편. 겨울에는 온도가 0도 이하로 내려가거나 눈이 내리는 날은 드물다.

7~8 hours

3월 말부터 10월 말까지 프랑스에서 서머타임을 적용하는 기간에는 한국보다 7시간, 그 외의 기간에는 8시간 느리다. 프랑스 내 지역 간에는 동일한 시간대를 적용한다.

11hours 55min

인천공항에서 파리 샤를 드 골 국제공항까지 걸리는 시간은 11시간 55분. 직항은 하루에 4~5편이 있으며 경유하는 비행편은 다양하다. 샤를 드 골 국제공항은 파리 도심에서 약 25Km 북동쪽에 위치한다.

11days

4월 부활절과 11월 1일 만성절, 12월 25일 크리스마스에는 학교가 각각 2주 간의 방학에 들어간다. 아이가 있는 부모들은 이 시기에 맞춰 휴가를 떠나는 경우도 있다.

1월	1일	설날
4월	월요일	부활절 월요일
5월	1일	근로자의 날
5월	8일	제2차 세계대전 종전 기념일
5월	10	예수 승천일
5~6월	월요일	성신강림 축일 월요일
7월	14일	혁명 기념일
8월	15일	성모 승천일
11월	1일	만성절
11월	11일	제1차 세계대전 휴전 기념일
12월	25일	크리스마스

Check List

"파리는 먼 거리만큼이나 한국과 다른 점도 많은 도시.
너무 사소하고 일상적이라 그냥 지나칠 수 있는 것들도 다시 한 번 살펴볼 필요가 '분명' 있다."

Greeting

일반적으로 사용되는 인사말은 '봉쥬'. 초저녁부터는 '봉수아'라고 하지만 '봉쥬'를 사용해도 무방하다. 누구에게든 본론을 말하기 전에 반드시 인사 먼저. 서비스나 호의를 받은 후에는 감사하다는 뜻의 '메르시' 필수!

Picture

파리 대부분의 박물관과 성당 안에서는 플래시를 사용하지 않는다는 전제 하에 사진 촬영이 허용된다. 현지인들을 찍을 때에는 양해를 구하면 보통은 흔쾌히 수락하는 편. 멋지게 포즈를 취해 주는 사람들도 많다.

Smoking

파리는 흡연자들의 천국. 실내만 아니면 공공장소에서 자유롭게 흡연이 가능하다. 카페나 레스토랑의 야외 테라스는 흡연자들이 선호하는 자리. 테이블에는 재떨이가 놓여 있다.

Plug

한국과 같은 220 볼트를 사용한다.

Keep to the right

자동차도 사람도 우측통행. 따로 방향 표시가 있는 것은 아니지만 지하철 계단을 이용할 때나 마주 오는 사람을 피해야 할 때 우측을 기억하자. 에스컬레이터에서도 우측에 서고 좌측은 급한 사람들을 위해 비워둔다.

WiFi

공항과 대부분의 호텔, 카페, 레스토랑에서는 무료 와이파이가 제공된다. 반면에, 지하철 안에서는 와이파이는커녕 전화나 데이터도 잘 터지지 않는다.

Office hours

샹젤리제 거리의 상점들과 백화점을 제외하고 대부분의 상점들은 저녁 7시, 슈퍼마켓은 9시 이전에 문 닫는다. 식당은 우리나라와 달리, 정해진 식사 시간에만 식사를 할 수 있다는 점도 기억하자. 점심식사는 12~15시, 저녁식사는 19시부터. 마지막 주문은 식당마다 다르지만 보통 23시 이전이다. 식사 시간을 제외하고는 커피나 술 등의 음료를 판다.

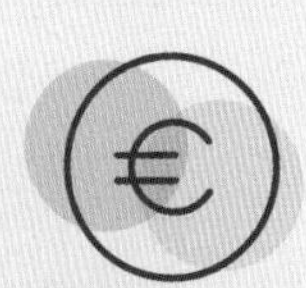

Cash

슈퍼, 박물관, 상점에서 신용카드가 원활하게 사용된다. 단, 소규모 식당이나 상점의 경우 일정 금액이 넘어야만 카드 결제 가능. 환전소는 공항이나 일부 관광지가 아니고서는 찾기 힘들지만, 현금 인출기는 쉽게 찾을 수 있다. 500유로 짜리는 프랑스에서는 거의 사용하지 않는 지폐. 200유로까지는 괜찮지만, 어디서든 사용하기에는 100유로 이하의 지폐가 더 유용하다.

Weather

블로그나 다녀온 사람들의 말 보다는 실시간 날씨 체크가 중요하다. 봄이나 가을에는 여름처럼 덥다가도 다음날 온도가 10도 이상 떨어져 두꺼운 재킷이 필요할 때도 있고, 여름에도 비가 오면 제법 쌀쌀해져 얇은 재킷이 필요할 수도. 일교차도 큰 편이니 최저기온과 최고기온을 함께 확인하자.

Umbrella

특히 겨울은 비가 자주 온다. 호텔에서는 우산을 대여해주지만, 에어비엔비나 호스텔을 선택했다면 날씨를 체크해보고 가벼운 우산을 챙겨가는 것이 좋다.

Festival

“프랑스의 법적 휴가는 1년에 최소 5주. 여기에 공휴일도 유독 많고, 평범한 날 축제는 또 얼마나 많은지. 프랑스인들은 살기 위해 일을 하는 것이 아니라 놀기 위해 일을 한다는 말도 있다. 프랑스 사람들만큼 잘 노는 유럽인들이 또 있을까.”

January

Grande Parade 그랑 퍼레이드

매년 1월 1일 프랑스를 넘어 전 세계에서 가장 유명한 거리, 샹젤리제에서는 세계인들이 모여 새해를 맞이하는 퍼레이드가 열린다. 샹젤리제가 시작되는 개선문부터 그 끝인 콩코드 광장까지. 화려한 의상의 캐리비언 무용수들, 악기 다루는 솜씨가 제법인 미국 고등학교 합주단도 합류하는 세계 최고의 카니발.

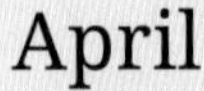

April

Marathon International de Paris 파리 국제 마라톤

남녀노소 국적을 불문하고 마라톤에 열정이 있는 누구나 참여할 수 있다. 굳이 명소가 아니어도 어느 하나 눈에 담고 싶지 않은 것이 없는 파리를 달린다는 것은 상상만으로도 벅찬 일. 스타트 지점은 샹젤리제. 140여 개국 5만여 명의 참가자들이 달린다. 4월 초에 열리며 신청은 1년 전 홈페이지를 통해 할 수 있다.

www.marathons.fr

May

La Nuit Européenne des Musées 유럽 박물관의 밤

프랑스뿐 아니라 유럽 전역에서 열리는 행사. 루브르와 오르세 등 주요 박물관들이 저녁 6시부터 자정까지 오픈하며 입장료는 무료이다. 도시와 국경을 넘나들며 많은 사람들이 좋은 기회를 누릴 수 있도록 보통 5월 중순 토요일에 열린다. 일부 박물관에서는 콘서트와 특별한 행사를 열어 축제 분위기를 낸다.

June

Fête de la Musique 프랑스 음악 축제

6월 21일은 파리 전체 동네 구석구석 음악이 흐르지 않는 곳이 없는 날. 음악이 있으니 마치 물결처럼 여기저기 덩실덩실. 재즈, 록, 레게, 클래식 등 모든 장르의 음악들이 총망라해 아무리 독특한 음악 취향을 가진 사람이라도 소외되는 이는 절대 있을 수 없다. 보통 오후 5시에 시작해 자정이 넘어까지 이어진다.

Gay Pride March 게이 퍼레이드

동성애자들과 그들을 지지하는 사람들의 당당한 행렬은 6월 말에서 7월 초 토요일 오후 경찰들의 호루라기 소리와 함께 시작된다. 시청에는 동성애를 상징하는 무지개 깃발이 걸리고, 음악과 퍼포먼스가 이목을 끄는 퍼레이드는 동성애자들의 중심인 마레 지구를 지나 바스티유 광장에서 끝이 난다.

www.gaypride.fr

July

Bastille Day 프랑스 혁명 기념일

7월 14일 샹젤리제 거리 양쪽 가로수에 프랑스 국기가 걸리는 날. 이른 아침, 개선문에서 시작하는 군인들의 행렬에 시민들은 깃발을 휘날리며 응원하고, 행진이 마침표를 찍는 콩코드 광장에서는 대통령이 그들을 격려한다. 하늘에서는 공군기가 펼치는 에어쇼가, 밤에는 에펠탑의 불꽃 축제가 여느 때 보다 화려하다.

October

Nuit Blanche 뉘 블랑슈

10월 첫째 주 토요일 일몰부터 다음 날 일출 전까지 긴 밤을 하얗게 불태우는 주말의 백야 축제. 현지인들도 평소에 많이 가는 퐁피두 같은 복합 문화공간과 수영장, 시청 등이 환하게 불을 밝혀 특별 행사로 볼거리를 제공하고, 바와 클럽은 밤새도록 오픈한다. “뉘 블랑슈 때 뭐 할거니?”가 대화 주제가 될 정도로 인기있는 밤.

December

Réveillon du Nouvel An 새해 이브

파리에서 새해를 맞이하고 싶은 여러 나라 사람들이 모여 설레고 흥분되는 분위기. 해마다 장소가 일부 바뀌지만 확실한 곳은 개선문. 신비한 빛을 쏘아 올리는 개선문 앞으로 새해를 기다리는 카운트다운과 함께 정각에 불꽃이 터지기도 한다.

Transportation

" 숨 돌릴 틈 없이 분주한 파리의 공항, 작은 도시 안은 현지인들과 여행객들로 발 디딜 틈이 없다.
유행도 타지 않는 파리의 인기에 호응하듯 파리의 교통수단은 꾸준히 발전하는 중.
탁월한 선택으로, 돈과 시간은 절약하고 편안함을 더해보자. "

공항

"유럽의 관문, 파리! 파리의 공항은 유럽에서 가장 바쁘다. 한국에서 파리로 가는 직항만 하루에 4-5편, 부지런한 여행자가 원하는 시간대, 적절한 가격대의 티켓을 구한다."

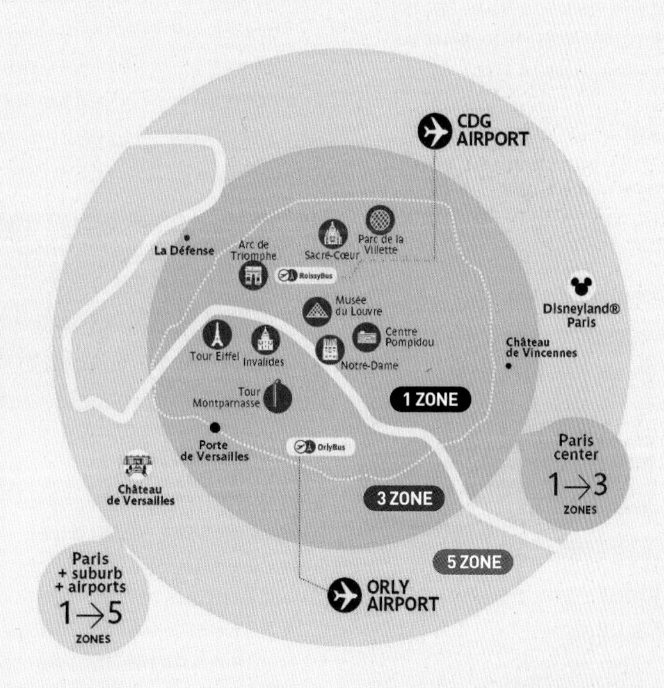

Tip.

01 항공권 가격은?

직항의 경우, 비수기 때에는 80만 원대에도 가능. 성수기 때에는 200만원 대까지 올라간다. 중국 항공사와 중동 항공사, 유럽 항공사 등을 이용해 경유를 1회 이상 할 경우에는 50만 원대부터 찾아 볼 수 있다.

02 얼마나 걸리지?

인천-파리 직항은 약 12시간. 중화항공, 동방항공 등의 중국 항공사나 핀에어, 루프트한자 같은 유럽 항공사를 이용할 경우 경유를 하더라도 동선이 길지 않아 16시간 이내도 가능하다. 카타르, 에미레이트, 에티하드 등 중동 항공사의 경우에는 약 20시간 정도 걸린다.

03 입국 절차 시간을 여유롭게 잡자

프랑스는 3개월간 무비자. 신분만 확인하고 도장 쾅 찍어주면 되는 간단한 절차지만 다른 비행기와 도착 시간이 겹칠 경우 느릿느릿하다. 야간에는 입국 창구가 줄어들어 더 느린 편. 간혹 수화물 벨트의 고장으로 또 다른 지연이 발생할 수 있는 점도 예상해두자.

1. Aéroport de Paris Charles-de-Gaulle 샤를 드 골 공항

대부분의 국제선은 샤를 드 골 공항으로 도착한다. 아시아나 항공이 도착하는 1터미널과 대항항공, 에어프랑스가 도착하는 2터미널은 주요 항공사들이 이용하고, 3터미널은 주로 저비용 항공사들이 이용한다. 공항에서 파리 시내까지는 약 25km, 금방일 것 같지만 파리의 교통 체증으로 인해 1시간 정도는 잡는 것이 좋다. 현지인들의 출퇴근 시간대와 겹친다면 그 이상도 걸릴 수 있다.

2. Aéroport d'Orly 오를리 공항 / Aéroport de Beauvais 보배 공항

유럽의 다른 국가나 프랑스의 다른 도시를 연결하는 대부분의 저비용 항공사들은 오를리 공항 혹은 보배 공항을 이용한다. 오를리 공항은 시내에서 약 19km, 보배 공항은 약 75km 떨어져 있다. 항공권의 가격을 잘 따져 보고 가능하면 오를리 공항을 이용하는 항공편을 선택하는 것이 좋다.

공항 > 시내

샤를 드 골 공항에서 파리 시내로

"다양한 교통수단이 있다. 정확한 탑승 지점은 공항 안내소에 문의하거나 표지판을 보고 쉽게 찾아갈 수 있다."

1. RER B

공항에서 Trains 혹은 RER 표지판을 따라가면 된다. 도로의 교통 혼잡을 피해 가장 빠르게 시내로 갈 수 있는 수단. 단, 시내의 RER 역에서 지하철로 갈아탈 때 계단 이용이 불가피하다. 와이파이가 없고 데이터가 잘 터지지 않는다.

요금 : 편도 약 €12.5 (1-5존까지 유효한 나비고 및 모빌리스를 사용 가능)
소요시간 : 종착역에 따라 25~45분 (5~10분마다 운행)
종착지 : 파리 시내 여러 RER B 역
티켓 구매 : 개찰구 앞 티켓 판매기 혹은 직원 창구에서 구입

2. Roissy Bus 루아씨 버스

공항-오페라를 연결하는 전용 버스로 가격이 저렴하고, 짐을 버스 내부로 갖고 탈 수 있어 좋다. 버스 안에서는 무료 와이파이가 제공된다. 숙소가 오페라 근처일 경우 유용하다.

요금 : 편도 €13.7 (1-5존까지 유효한 나비고 및 모빌리스를 사용 가능)
소요시간 : 약 1시간 (15~20분마다 운행)
종착지 : 오페라 (11 Rue Scribe,75009)
티켓 구매 : 탑승지에서 티켓 판매기를 통해 구매 / 탑승 후 현금 구매.

3. RATP 시내 버스 350 & 351

파리 시내버스의 공항 연장 노선이다. 두 버스 모두 파리 시내 지하철 역에서 하차. 특히, 351번의 도착지인 나씨옹 역(Nation)은 다수의 지하철 노선이 지난다. 가격이 저렴하고 편리하나, 소요시간이 길다.

요금 : €6 (운전기사에게 구입시) 혹은, 시내 교통 티켓(T+) 3개. (나비고 및 모빌리스 사용 가능)
소요시간 : 60~80분(350), 70~90분(351), 15~30분 마다 운행
운행시간 : 05:30~21:30

CDG 공항 (출발)	타는 곳
터미널 1	32번 출구 근처 (도착층)
터미널 2A,2C	9번 출구 근처 (2A 터미널)
터미널 2B,2D	11번 출구 근처 (2D 터미널)
터미널 2E,F	8a 출구 버스정류장 (도착층)
터미널 3	루아씨 버스 정거장
파리 시내 (도착)	**도착 주소**
350 (Porte de la Chapelle)	102 rue de la Chapelle
351 (Paris-Nation)	2 Avenue du Trône

4. Taxi 택시

최근 몇 년 전부터 공항에서 출발하는 택시는 정찰제로 운영되고 있다. 센느강을 중심으로 아래쪽은 €55, 위쪽은 €50. 오후 5시부터 오전 10시 사이와 일요일에는 15% 할증이 붙는다. 반드시 택시 전용 승차장에서 택시 마크가 있는지 확인하고, 호객행위를 하는 기사를 조심하자.

요금 : €50~55
소요시간 : 40~50분

5. Uber 우버

시내에서는 우버가 택시보다 저렴해서 유용할 때가 많지만, 공항의 경우에는 가격 차이가 별로 없다. 우버 승강장은 도착 층이 아닌 출발 층(Departures). 우버를 부르면 기사가 지정한 정확한 승차지가 뜬다.

요금 : €45~70
소요시간 : 40~50분

오를리 공항에서 파리 시내로

"오를리 공항은 RER 보다는 공항 전용버스와 트램이 더 편리하다."

1. Orly Bus 오를리 버스

정류장이 시내에 위치하며 가격이 저렴하고, 운행 빈도수가 높아 가장 많이 이용한다. 시내에서 공항에 갈 경우, 지하철역을 나가자마자 Orly Bus 표지판이 보여 찾기 쉽다.

요금 : €9.5 **소요시간 :** 25~30분 (8~15분마다 운행)
종착지 : Denfert Rochereau 지하철역 앞 Place Denfert-Rochereau, 75014
티켓 구매 : 탑승지에서 티켓 판매기를 통해 구매 / 탑승 후 현금 구매.

2. Orlyval (공항 터미널 셔틀) +RER B

공항에서 운행되는 무료 셔틀을 타고 RER B 정류장인 앙또니 역 (Antony)으로 이동한 후, RER으로 갈아탄다. 파리 시내의 3군데 역에서 정차하며(Denfert-Rochereau, Saint-Michel-Notre-Dame(노트르담), Gare du Nord(북역)), 종착역은 샤를 드골 공항.

요금 : €12.1 (나비고 및 모빌리스 사용 가능)
소요시간 : 25-35분
티켓 구매 : 오를리 공항과 앙또니역의 티켓 판매기에서 구매.

3. Tramway T77번 트램

요금 : €1.9 **소요시간 :** 30(8~15분마다 운행)
종착지 : 7번 트램의 마지막 역 Villejuif-Louis Aragon (지하철 7호선과 연결)
티켓 구매 : 지하철 티켓 판매기

4. Taxi 택시

요금 : €30~35 **소요시간 :** 30분

보배 공항에서 파리 시내로

Navette Bus 셔틀버스

요금: €17, **소요시간:** 75분 (운행 빈도는 그날의 항공 스케줄에 따라 다르니 홈페이지 확인.)
www.aeroportparisbeauvais.com/en
종착지 : Porte Maillot 역 (지하철 1호선 및 RER C 노선과 연결)
티켓 구매 : 공항 혹은 탑승 후 현금 구매.
택시 이용시 €120-€160

지하철

"파리에서 가장 빠르고 효율적이라 현지인들도 많이 이용하는 지하철. 여행 기간과 스케줄에 따라 다양한 종류의 지하철 패스를 구입할 수 있다."

Tip.

파리 지하철이 한국 지하철과 다른 점

01 노선에 따라 차이가 있지만, 대부분의 지하철 출입구는 수동이다. 버튼을 누르거나 손잡이를 돌려서 연다. 지하철 안에서 문 바로 앞에 서 있다면 내리지 않더라도 정차했을 때 문을 열어주는 것이 매너.

02 출입구 양 옆에 접이식 의자가 있는데, 사람들이 많아 비좁을 경우, 의자를 접고 일어서는 것이 좋다.

03 지하철 안이나 역에서 종종 티켓 불시 검문이 있다. 나비고는 반드시 스캔을 하고, 종이 티켓은 목적지에 도착해서 개찰구를 나가기 전까지는 절대 버리면 안 된다. 벌금은 현장에서 50유로.

1. Ticket t + 티 플러스 티켓

티 플러스 티켓은 파리 시내에서 지하철, 버스, RER, 트램을 이용할 때 사용한다. 낱장에 €1.9, 까르네Carnet라 불리는 10장 묶음 가격이 €16.9. 파리에 머무는 동안 기간에 상관없이 지하철을 8번 이상을 이용할 예정이라면 까르네를 구입하는 것을 추천한다.

2. Mobilis 모빌리스

1-2 ZONES	1-3 ZONES	1-4 ZONES	1-5 ZONES
€7.5	€10	€12.4	€17.8

0시부터 24시까지 하루 동안 정해진 존 안에서 무제한으로 사용할 수 있다.
하루에 시내에서 6번 이상 대중교통을 이용한다면, 티 플러스 티켓보다 1-2존 모빌리스를 사는 것이 낫다. 4존에 있는 베르사유 궁전이나 5존의 오베르 쉬르 우아즈 혹은 모레 쉬르 루앙 등 근교를 포함해 시내에서 지하철을 4회 이상 이용할 경우에도 모빌리스를 사는 것이 좋다.

3. Paris Visite 파리 비지트

1/2/3/5일 동안 정해진 존 안에서 무제한으로 사용할 수 있다. 1-3존 구입 시 1/2/3/5일권이 €12/19.5/26.65/38.35, 1-5존 구입 시 1/2/3/5일권이 €25.25/38.35/53.75/65.8로 가격이 높은 편. 파리 비지트 소지자들은 몽파르나스 전망대나 개선문 전망대 25% 할인 등 몇몇 관광지에서 1~2유로 할인 혜택이 주어진다지만 여간 강행군이 아니고서는 본전을 찾기 쉽지 않아 추천하지는 않는다.

4. Navigo 나비고

파리에서 1주일 이상 혹은 한 달 정도 머무를 계획이라면 나비고를 소지하는 것이 가장 효율적이다. 1주일권(€22.8)과 한 달권(€75.2) 두 가지가 있으며, 두 개 모두 1-5존까지 사용 가능. 1주일권은 전 주 금요일부터 구입이 가능하며 월~일요일까지 사용 가능. 한 달권 역시 1일부터 말일까지 사용 가능하다. 티켓 구매기에서 구입할 수 있는 다른 티켓과는 달리 나비고는 직원이 있는 창구에서 구매. 사진 한 장이 필요하다.

그 외 시내 교통

"파리는 작은 도시지만, 교통수단이 참 다양하다. 길이 막히고 주차가 쉽지 않아 현지인들도 자가용보다는 대중교통을 이용하는 편. 지하철 외에도 각양각색 교통수단을 이용하면 좀 더 효율적으로 이동할 수 있다."

1. Bus 버스

파리는 교통이 혼잡하고 버스 전용 노선이 따로 없어 버스가 지하철보다 느린 편. 하지만 창 밖으로 경치를 볼 수 있어 좋다. 지하철과 동일한 티켓을 사용하며 버스에 타자마자 나비고를 스캔하거나 티켓을 삽입해야 한다. 티켓이 없을 경우 운전기사에게 현금 2유로에 구입 가능.

2. RER

파리 시내부터 근교인 베르사유나 공항까지 잇는 열차로 지하철보다 빠르지만 운행 빈도수가 낮아 시내에서는 지하철보다 덜 이용하게 된다. 이용할 경우, 같은 노선이라도 마지막에 목적지가 두 군데로 갈리는 경우가 있으니 반드시 플랫폼의 전광판에서 정차지와 목적지를 확인하자.

3. Tram 트램

파리 외곽을 순환하는 지상철. 파리 외곽에 묵는 경우 트램을 이용해서 원하는 지하철 노선이 있는 곳으로 이동할 수 있다. 주로 외곽에 사는 현지인들이 이용하고, 시내에 묵는 여행객들은 이용할 일이 거의 없다.

4. Taxi 택시

주로 택시 승강장에서만 이용이 가능한데, 관광지 앞이나 기차역 근방이 아니고서는 찾기 쉽지 않아 현지인들은 잘 이용하지 않는다. 특히 오전 8~10시 사이나 오후 5~9시 사이 출퇴근 시간에는 이용을 하지 않는 것이 좋다. 기본 요금은 €3.83. 1km 당 평일 오전 10시부터는 €1.06, 오후 5시부터 그리고 주말에는 €1.29 추가.

5. Uber 우버

택시와의 마찰로 우버 가격이 조금씩 오르고 있긴 하지만 여전히 택시보다 저렴하다. 예상 요금을 미리 볼 수 있고, 길거리에서 택시를 잡기도 쉽지 않아 택시보다 편리하다.

The Best Day Course

BEST COURSE 1 DAY

파리를 세로로 가로지르는 19세기 시간 여행 코스

Musée d'Orsay

09:30

오르세 미술관

어디선가 분명히 본듯한 익숙한 그림들을 다수 보유하고 있는 오르세 미술관은 낯설었던 파리가 친근하게 느껴지는 완벽한 출발점.

Le Restaurant

12:00

르 레스토랑

미술관 레스토랑은 언제나 옳다. 고풍스러운 분위기로 인기가 많은 르 레스토랑은 오르세 2층에 있어 식사하는 순간까지도 우아한 분위기를 이어가기 좋다.

Opéra Garnier

14:00

오페라 가르니에

지하철 오페라 역 2번 출구로 나가자마자 정면에 딱 보이는 오페라. 너무 가까이 가면 더 이상 보이지 않는 청동 돔 지붕까지 완벽하게 보이는 확실한 포인트.

Passage Jouffroy

15:30

파사쥬 쥬프루아

오페라 바로 뒤편의 백화점을 가는 대신, 계속해서 19세기로 여행을 떠나보는 건 어떨까. 파사쥬 쥬프루아와 길 건너편의 파사쥬 파노라마는 백화점이 등장하기 전 전성기를 누렸던 화려한 쇼핑 거리.

Le valentin

16:00

르 발렁땅

이쯤에서 애프터눈 티 타임. 파사쥬 쥬프루아의 중간쯤에 위치한 르 발렁땅Le Valentin. 진열대에 가지런히 있는 고급 디저트는 무엇을 고르든 맛이 일품이다. 찻 병에 정성스레 담아주는 차는 고급 브랜드 '다망 프레르'.

Montmartre

16:30

몽마르뜨

오르세 미술관에 그림이 걸려 있는 화가들의 주 활동 무대는 바로 몽마르뜨였다. 좁은 언덕길을 오르다 보면 오르세에서 봤던 그림들이 마치 데자뷰처럼 떠오른다.

Bouillon Pigalle

19:00

부이용 피갈

점원들이 발 빠르게 움직이며 나르는 음식은 프랑스 전통 요리. 맛도 좋고 가격도 저렴해서 이것저것 시켜 푸짐한 저녁식사를 즐기기 좋다. 현지인들과 관광객들 모두에게 인기 있는 식당.

Moulin Rouge

20:30

물랑 루즈

밤이 되어야 그 화려함과 낭만이 빛을 발하는 물랑 루즈. 안에서는 공연이 한창이지만, 밖에서 바라만 봐도 몽마르뜨의 낭만스러웠던 시절이 상상된다.

Au Lapin Agile

21:00

오 라팽 아질

어딘지 살짝 촌스러워 보이는 악사와 가수들은 19세기 분위기를 열심히 재연하고 있는 중. 한 번쯤은 들어봤음 직한 달콤한 샹송의 후렴구를 따라 부르니 씁쓸해야 할 술맛까지도 달달하다.

BEST COURSE 2 DAY

파리를 동서로 가로지르는 명소 집중 코스

Picasso Museum

09:30

피카소 미술관

아직은 조용한 이른 아침의 마레 지구, 커피와 크루아상을 서빙하는 일부 카페와 피카소 미술관만이 문을 활짝 열고 손님을 맞이한다.

Le Marais

11:00

마레 지구

대부분의 상점들이 문을 여는 시간은 11시. 파리에서 멋 좀 부린다는 사람들이 좋아하는 의류, 액세서리, 향수점들은 마레 지구에 다 모여있다. 쇼핑을 하지 않아도 고급 저택 사이를 걷는 것은 기분 좋은 일.

Maison de Victor Hugo

12:30

빅토르 위고의 집

100년 전의 파리를 살았던 빅토르 위고의 집을 방문할 줄이야. 삐걱삐걱 소리가 나는 나무 계단을 오르는 순간부터 설렌다. 그의 손 때가 묻은 가구들, 그가 바라보았을 창 밖의 풍경이 잔잔한 메아리 같다.

L'Ange 20

13:00

량쥬 방

보쥬 광장에서 몇 걸음 거리, 눈에 크게 띄지 않는 식당이지만 싱싱한 재료와 홈메이드에 충실한 메뉴는 미슐랭도 칭찬한 맛. 평소보다 저렴한 '평일 점심 세트'는 놓치지 말아야 할 찬스!

Musée du Louvre

14:30

루브르 박물관

비가 오거나, 햇빛이 뜨거운 날이라면 뻥 뚫린 광장의 피라미드 앞에 줄 서지 말고, 99 Rue de Rivoli에 있는 '캐루젤 뒤 루브르'로 들어가 실내에 줄을 서자. 박물관 안에는 오랜 기다림을 제대로 보상해 줄 명작들로만 가득하다.

Café Verlet

17:30

카페 베흘레

거대한 박물관을 걷느라 지친 다리, 이쪽 저쪽 보느라 열일 한 고개와 눈도 뻐근하다. 루브르에서 가까워 잠시 쉬어가기 좋은 곳. 원두 볶는 냄새가 그윽한 카페 베흘레는 정성을 담아 커피를 만든다.

Place Vendôme

18:00

방돔 광장

카페 앞 생또노레 거리를 따라 서쪽으로 걷다 보면 거리가 점점 럭셔리 해지는 느낌. 루이뷔통 매장을 끼고 돌자마자 보이는 방돔 광장. 광장을 돌며 코코 샤넬이 살았던 리츠 호텔과 쇼팽의 아파트를 찾아보자.

Champs Elysees

19:00

샹젤리제

피곤하다면 콩코드 역에서 1호선을 타고 샹젤리제를 가로 질러 개선문으로 바로! 아직 힘이 넘친다면 개선문을 멀리서 바라보며 샹젤리제를 걷자. 콩코드 역부터 개선문까지는 직진으로 도보 약 30분.

Arc De Triomphe De L'étoile

20:00

개선문

개선문을 일정 끝에 넣으면 좋은 이유는 밤 11시까지 전망대가 오픈하기 때문. 해가 긴 여름이라면 저녁 8시라고 해도 환한 전망을 볼 수 있고, 저녁 5시면 해가 지는 겨울에는 화려한 야경을 감상할 수 있다.

BEST COURSE 3 DAY

빠른 열차 RER을 이용한 익스프레스 코스

Château de Versailles

09:00

베르사유 궁전

무조건 빨리 가는 것이 줄을 덜 서는 방법. 전 세계인들을 베르사유로 이끄는 마력에 빠져 언제 헤어나올지 모르니 우선 일정의 처음에 잡는 것이 좋다.

Jardins du Château de Versailles

11:30

베르사유 정원

궁전만 봤다고 끝이 아니다. 걸어서는 엄두가 나지 않는 정원과 그 정원에 열 맞춰 서 있는 나무들은 마치 자로 잰 듯 정확하다. 시간을 조금이라도 아끼려면 점심 도시락 준비는 필수. 베르사유에서의 호화로운 피크닉.

Pont de Bir-Hakeim

14:00

비르아켐 다리

과거 흉물스럽다고 비난 받았던 것은 에펠탑이 아니라 이 다리가 아니었을까 싶지만, 다리에 올라 동쪽으로 고개를 돌리면 눈앞에 펼쳐지는 센느강과 어우러진 에펠탑의 모습은 그야말로 명품 뷰.

Champs de Mars

14:30

샹드막스 공원

파릇파릇한 잔디밭 끝으로 에펠탑이 우뚝 서 있는 사진 한 컷은 파리의 로망을 심어주기에 충분하다. 샹드막스 공원이 산뜻한 배경이 되는 에펠탑의 뒤태. 에펠탑은 앞태나 뒤태나 똑 같은 건 함정.

Eiffel Tower

15:00

에펠탑

홈페이지를 통해 티켓을 예매하는 것이 좋다. 올라갈만한 가치가 있냐고 물어본다면, 대답은 예스. 웅장하게만 보였던 파리가, 하늘에서는 아기자기한 마을처럼 보인다.

Shakespeare and Company

17:00

셰익스피어 앤 컴퍼니

지하철보다는 다시 RER에 올라 생 미셸 역까지 빠르게 이동하자. 헤밍웨이가 단골이었던 서점 안에는 책들이 빈틈없이 꽂혀 있고, 바로 옆에 운영하는 북 카페에서 시원한 아이스커피를 한 잔 할 수도 있다.

Cathédrale Notre-Dame de Paris

17:40

노트르담 성당

성당을 완성하는 데에만 180여 년이 걸렸다고 한다. '왜 이렇게 오래 걸렸나' 싶겠지만 가까이 가서 자세히 보고 안에도 들어가면 '어떻게 이렇게 빨리 지을 수 있었을까'로 질문이 바뀔 것이다.

Île Saint-Louis

19:30

오베르쥬 들 라 렌느 블랑슈

가정집 분위기에서 먹는 프랑스 가정식. 노트르담 성당에서 다리 하나 건너 왔을 뿐인데, 여기서의 식사는 관광지 식당에서 바가지 썼다는 기분이 전혀 들지 않는다.

Le Caveau de la Huchette

21:00

까보 들 라 위셰뜨

셀프로 음료를 주문하고 지하로 내려가 알아서 자리를 찾아 앉는 과정 자체가 이색적인 재즈 클럽. 무대로 나가 춤사위에 합류해도 좋다. 마지막 남은 하루의 에너지를 흥으로 소진하는 것은 전혀 낭비가 아니니까.

- Main Spot
- Museum
- Shop
- Restaurant
- Cafe
- Bar
- Pup
- Hotel

MAP

Paris

Map design Sulea Lee

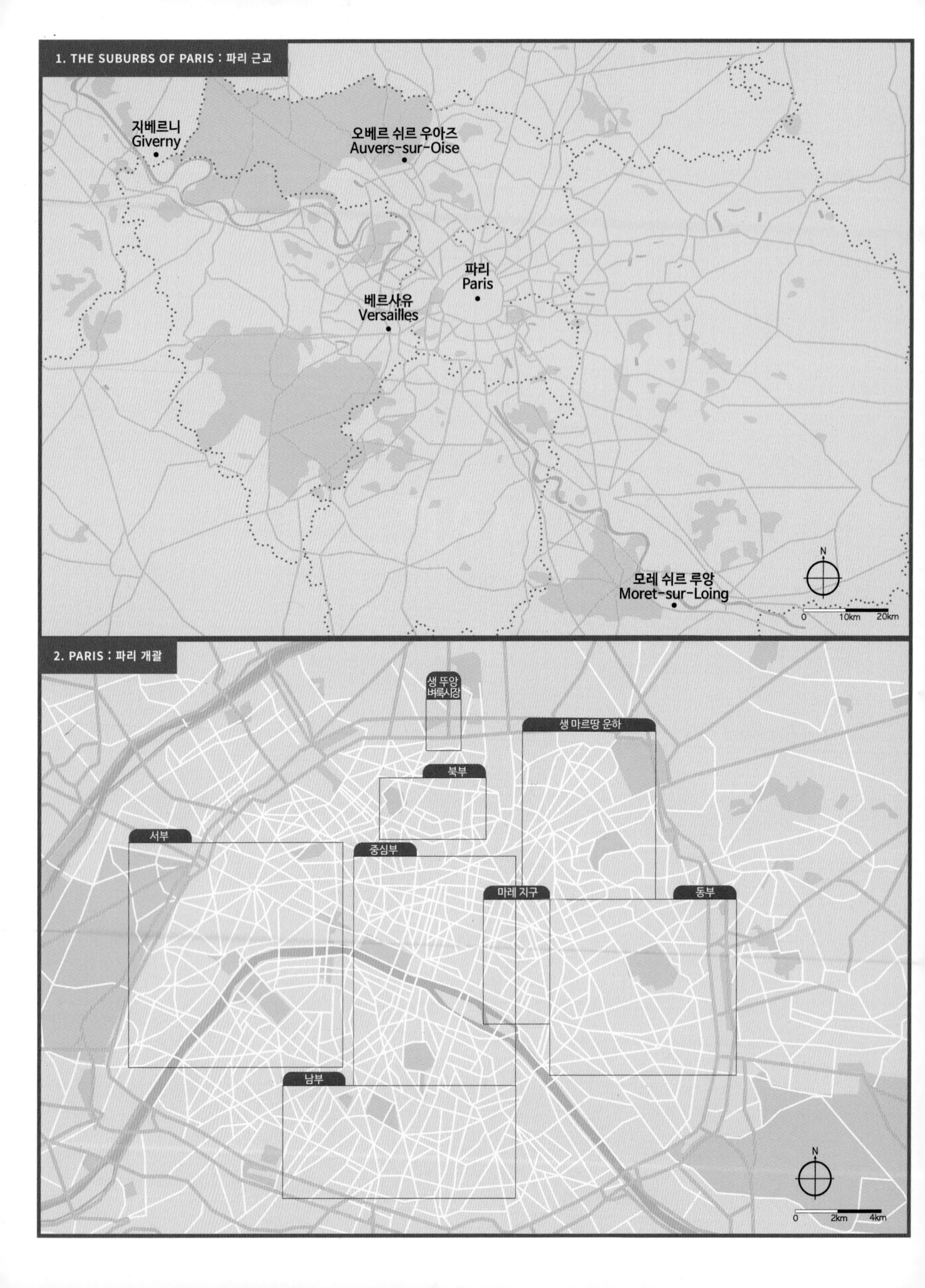
1. THE SUBURBS OF PARIS : 파리 근교
지베르니
Giverny
오베르 쉬르 우아즈
Auvers-sur-Oise
파리
Paris
베르사유
Versailles
모레 쉬르 루앙
Moret-sur-Loing
N
0
10km
20km
2. PARIS : 파리 개괄
생 뚜앙
벼룩시장
생 마르땅 운하
북부
서부
중심부
마레 지구
동부
남부
N
0
2km
4km

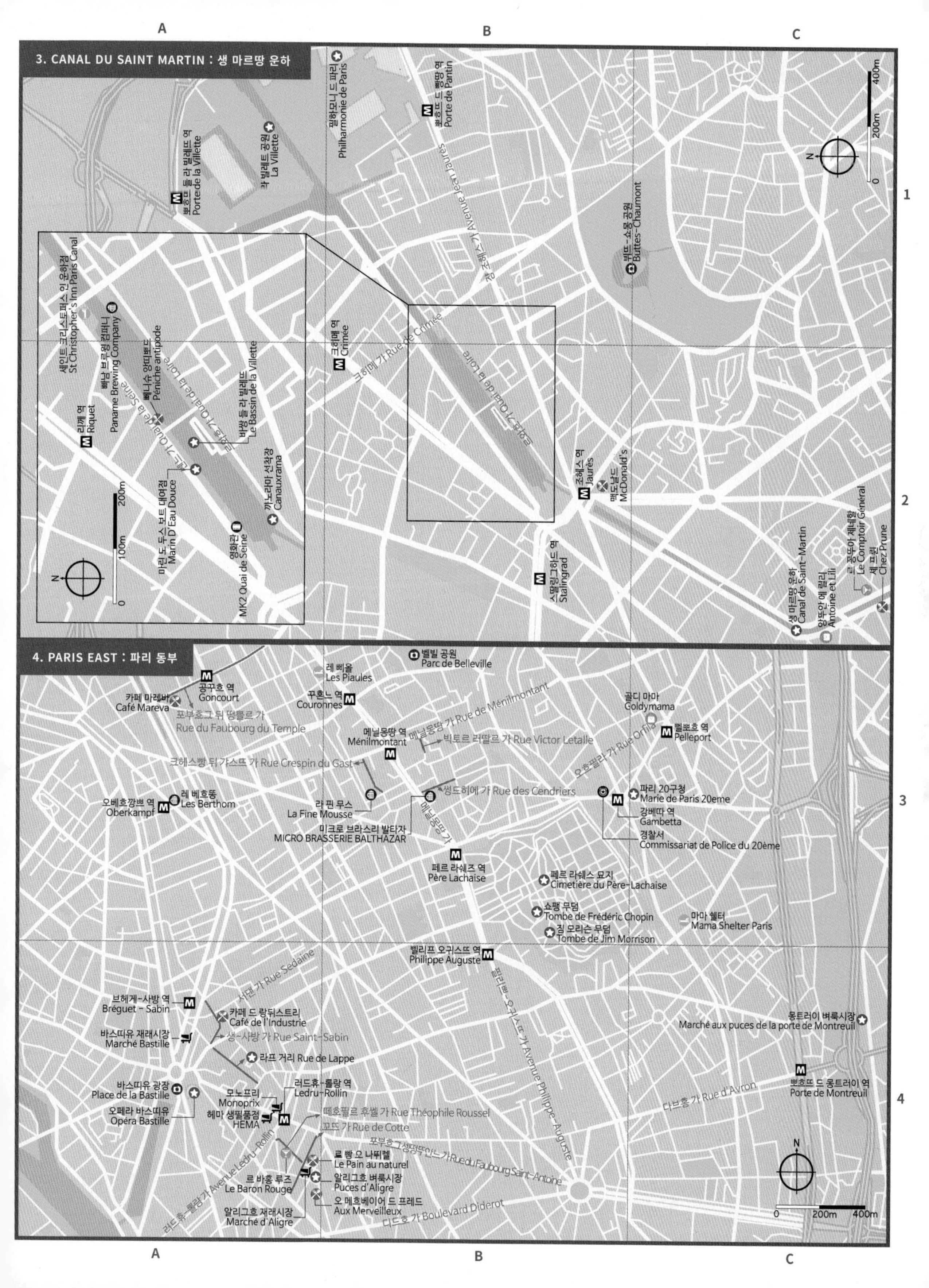

A
B
C
3. CANAL DU SAINT MARTIN : 생 마르땅 운하
1
2
뽀흐뜨 드 라 빌레뜨 역
Porte de la Villette
라 빌레뜨 공원
La Villette
필하모니 드 파리
Philharmonie de Paris
뽀흐뜨 드 빵땅 역
Porte de Pantin
장 조레스 가 Avenue Jean Jaurès
뷔뜨-쇼몽 공원
Buttes-Chaumont
크히메 역
Crimée
크히메 가 Rue de Crimée
세인트 크리스토퍼스 인 운하점
St Christopher's Inn Paris Canal
빠남 브루잉 컴퍼니
Paname Brewing Company
뻬니슈 앙띠뽀드
Péniche antipode
께 드 라 루아흐 가 Quai de la Loire
께 드 라 센느 가 Quai de la Seine
리께 역
Riquet
바쌩 들 라 빌레뜨
Le Bassin de la Villette
마린 도 두스 보트 대여점
Marin D'Eau Douce
까노라마 선착장
Canauxrama
영화관
MK2 Quai de Seine
조레스 역
Jaurès
맥도널드
McDonald's
스딸린그하드 역
Stalingrad
생 마르땅 운하
Canal de Saint-Martin
앙뚜안 에 릴리
Antoine et Lili
르 꽁뚜아 제네할
Le Comptoir Général
셰 프륀
Chez Prune
4. PARIS EAST : 파리 동부
3
4
벨빌 공원
Parc de Belleville
레 삐올
Les Piaules
공꾸흐 역
Goncourt
카페 마레바
Café Mareva
포부흐그 뒤 떵쁠르 가
Rue du Faubourg du Temple
꾸흐느 역
Couronnes
메닐몽땅 역
Ménilmontant
메닐몽땅 가 Rue de Ménilmontant
빅토르 러딸르 가 Rue Victor Letalle
골디 마마
Goldymama
뻴뽀흐 역
Pelleport
오흐필라 가 Rue Orfila
크헤스빵 뒤 가스뜨 가 Rue Crespin du Gast
오베흐깡쁘 역
Oberkampf
레 베흐똥
Les Berthom
라 핀 무스
La Fine Mousse
미크로 브라스리 발타자
MICRO BRASSERIE BALTHAZAR
성드히에 가 Rue des Cendriers
메닐몽땅 가
파리 20구청
Marie de Paris 20eme
강베따 역
Gambetta
경찰서
Commissariat de Police du 20ème
페르 라셰즈 역
Père Lachaise
페르 라셰스 묘지
Cimetière du Père-Lachaise
쇼팽 무덤
Tombe de Frédéric Chopin
짐 모리슨 무덤
Tombe de Jim Morrison
마마 쉘터
Mama Shelter Paris
삘리프 오귀스뜨 역
Philippe Auguste
필리쁘-오귀스뜨 가 Avenue Philippe-Auguste
브헤게-사방 역
Bréguet - Sabin
서댄 가 Rue Sedaine
카페 드 랑뒤스트리
Café de l'Industrie
바스띠유 재래시장
Marché Bastille
생-사방 가 Rue Saint-Sabin
라프 거리 Rue de Lappe
몽트러이 벼룩시장
Marché aux puces de la porte de Montreuil
뽀흐뜨 드 몽트러이 역
Porte de Montreuil
바스띠유 광장
Place de la Bastille
오페라 바스띠유
Opéra Bastille
러드휴-롤랑 역
Ledru-Rollin
모노프리
Monoprix
헤마 생필품점
HEMA
떼호필르 후쎌 가 Rue Théophile Roussel
꼬뜨 가 Rue de Cotte
다브홍 가 Rue d'Avron
포부흐그 생떵뚜안느 가 Rue du Faubourg Saint-Antoine
르 빵 오 나뛰렐
Le Pain au naturel
르 바홍 루즈
Le Baron Rouge
알리그흐 벼룩시장
Puces d'Aligre
러드휴-롤랑 가 Avenue Ledru-Rollin
오 메흐베이어 드 프레드
Aux Merveilleux
알리그흐 재래시장
Marché d'Aligre
디드호 가 Boulevard Diderot
N
0
200m
400m

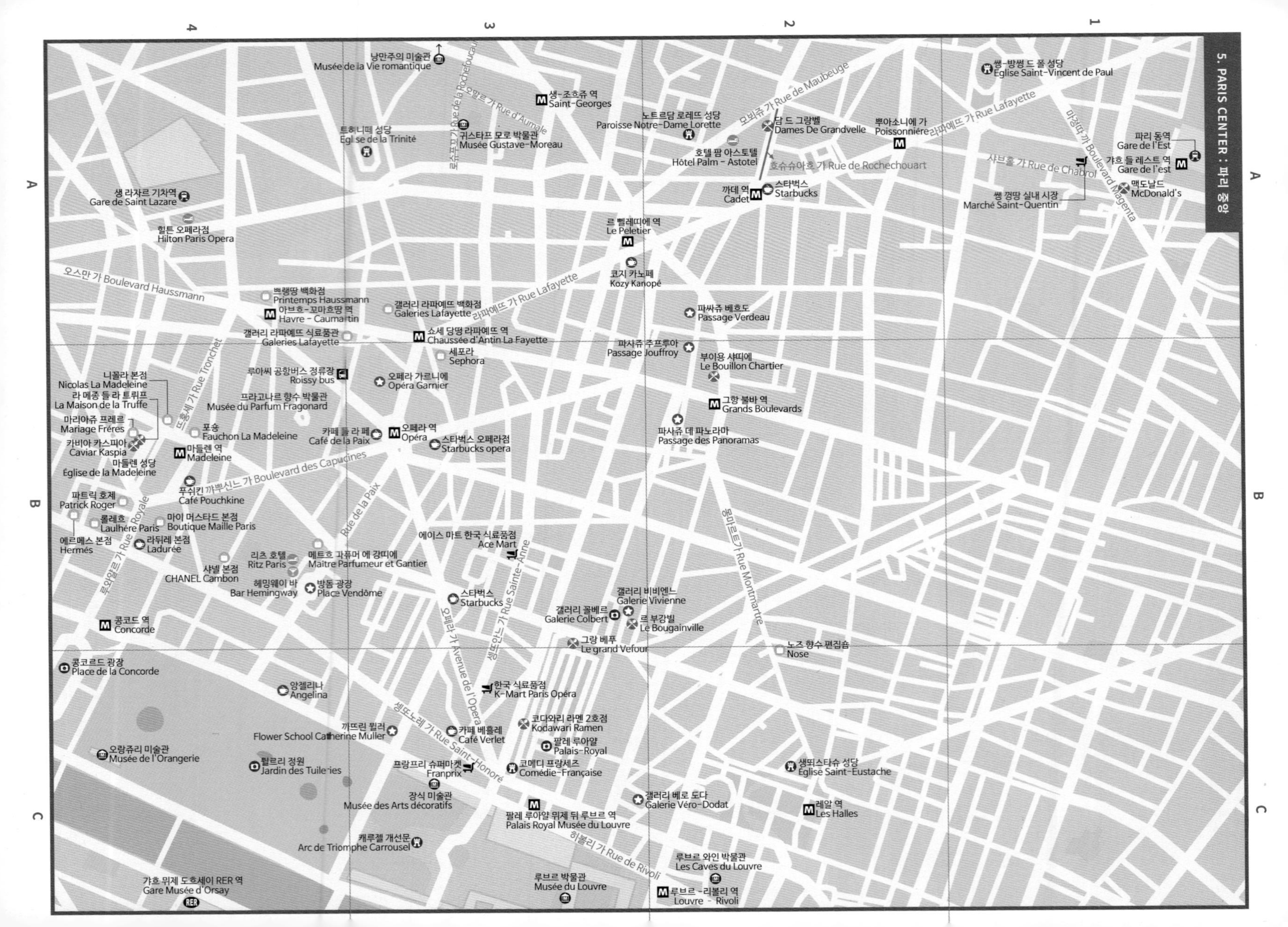

5. PARIS CENTER : 파리 중앙
A
B
C
1
2
3
4
쌩-방썽 드 폴 성당 Eglise Saint-Vincent de Paul
파리 동역 Gare de l'Est
가흐 들 레스트 역 Gare de l'est
맥도날드 McDonald's
마정따 가 Boulevard Magenta
샤브홀 가 Rue de Chabrol
쌩 껑땅 실내 시장 Marché Saint-Quentin
뿌아소니에 가 Poissonnière
라파예뜨 가 Rue Lafayette
모뵈쥬 가 Rue de Maubeuge
담 드 그랑벨 Dames De Grandvelle
노트르담 로레뜨 성당 Paroisse Notre-Dame Lorette
호텔 팜 아스토텔 Hôtel Palm - Astotel
호슈슈아흐 가 Rue de Rochechouart
까데 역 Cadet
스타벅스 Starbucks
생-조르쥬 역 Saint-Georges
낭만주의 미술관 Musée de la Vie romantique
오말 가 Rue d'Aumale
귀스타프 모로 박물관 Musée Gustave-Moreau
트히니떼 성당 Egl se de la Trinité
생 라자르 기차역 Gare de Saint Lazare
힐튼 오페라점 Hilton Paris Opera
르 뻴레띠에 역 Le Peletier
코지 카노페 Kozy Kanopé
오스만 가 Boulevard Haussmann
쁘랭땅 백화점 Printemps Haussmann
아브흐-꼬마흐땅 역 Havre - Caumartin
갤러리 라파예뜨 백화점 Galeries Lafayette
라파예뜨 가 Rue Lafayette
파싸쥬 베흐도 Passage Verdeau
갤러리 라파예뜨 식료품관 Galeries Lafayette
쇼세 당땅 라파예뜨 역 Chaussée d'Antin La Fayette
파사쥬 주프루아 Passage Jouffroy
부이용 샤띠에 Le Bouillon Chartier
세포라 Sephora
루아씨 공항버스 정류장 Roissy bus
오페라 가르니에 Opéra Garnier
그랑 불바 역 Grands Boulevards
니꼴라 본점 Nicolas La Madeleine
라 메종 들 라 트뤼프 La Maison de la Truffe
뜨홍셰 가 Rue Tronchet
프라고나르 향수 박물관 Musée du Parfum Fragonard
마리아쥬 프레르 Mariage Fréres
포숑 Fauchon La Madeleine
카페 들 라 페 Café de la Paix
오페라 역 Opéra
스타벅스 오페라점 Starbucks opera
파사쥬 데 파노라마 Passage des Panoramas
카비아 카스피아 Caviar Kaspia
마들렌 역 Madeleine
마들렌 성당 Eglise de la Madeleine
까뿌신느 가 Boulevard des Capucines
푸쉬킨 Café Pouchkine
파트릭 호제 Patrick Roger
Rue de la Paix
롤레흐 Laulhère Paris
마이 머스타드 본점 Boutique Maille Paris
에르메스 본점 Hermès
라뒤레 본점 Ladurée
루와얄 가 Rue Royale
에이스 마트 한국 식료품점 Ace Mart
리츠 호텔 Ritz Paris
메트흐 파퓨머 에 강띠에 Maître Parfumeur et Gantier
샤넬 본점 CHANEL Cambon
헤밍웨이 바 Bar Hemingway
방돔 광장 Place Vendôme
생뜨안느 가 Rue Sainte-Anne
스타벅스 Starbucks
몽마르트 가 Rue Montmartre
갤러리 비비엔느 Galerie Vivienne
갤러리 꼴베르 Galerie Colbert
르 부갱빌 Le Bougainville
콩코드 역 Concorde
그랑 베푸 Le grand Vefour
노즈 향수 편집숍 Nose
콩코르드 광장 Place de la Concorde
앙젤리나 Angelina
오페라 가 Avenue de l'Opera
한국 식료품점 K-Mart Paris Opéra
생또노레 가 Rue Saint-Honoré
까뜨린 뮐러 Flower School Catherine Muller
카페 베흘레 Café Verlet
코다와리 라멘 2호점 Kodawari Ramen
팔레 루아얄 Palais-Royal
오랑쥬리 미술관 Musée de l'Orangerie
튈르리 정원 Jardin des Tuileries
프랑프리 슈퍼마켓 Franprix
코메디 프랑세즈 Comédie-Française
생퇴스타슈 성당 Eglise Saint-Eustache
장식 미술관 Musée des Arts décoratifs
갤러리 베로 도다 Galerie Véro-Dodat
레알 역 Les Halles
팔레 루아얄 뮈제 뒤 루브르 역 Palais Royal Musée du Louvre
캐루젤 개선문 Arc de Triomphe Carrousel
히볼리 가 Rue de Rivoli
루브르 와인 박물관 Les Caves du Louvre
가흐 뮈제 도흐세이 RER 역 Gare Musée d'Orsay
루브르 박물관 Musée du Louvre
루브르 - 리볼리 역 Louvre - Rivoli

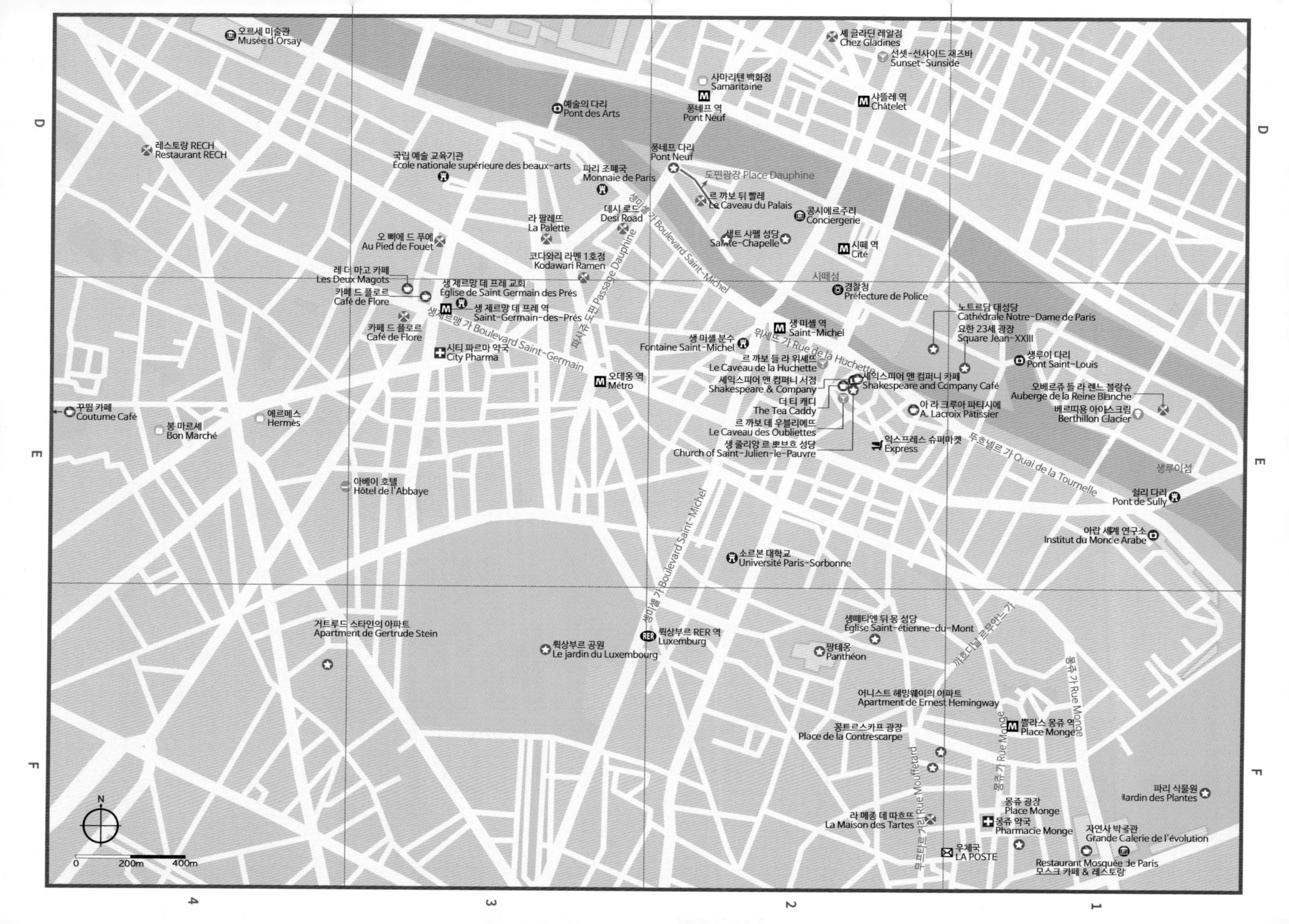

오르세 미술관
Musée d'Orsay
레스토랑 RECH
Restaurant RECH
예술의 다리
Pont des Arts
국립 예술 교육기관
École nationale supérieure des beaux-arts
파리 조폐국
Monnaie de Paris
라 팔레뜨
La Palette
데시 로드
Desi Road
오 삐에 드 푸에
Au Pied de Fouet
코다와리 라멘 1호점
Kodawari Ramen
레 더 마고 카페
Les Deux Magots
카페 드 플로르
Café de Flore
생 제르망 데 프레 교회
Église de Saint Germain des Prés
생 제르망 데 프레 역
Saint-Germain-des-Prés
카페 드 플로르
Café de Flore
시티 파르마 약국
City Pharma
생제르맹 가 Boulevard Saint-Germain
파사쥬 도핀 Passage Dauphine
오데옹 역
Métro
꾸뛈 카페
Coutume Café
봉 마르셰
Bon Marché
에르메스
Hermès
아베이 호텔
Hôtel de l'Abbaye
사마리텐 백화점
Samaritaine
퐁네프 역
Pont Neuf
퐁네프 다리
Pont Neuf
도핀광장 Place Dauphine
르 꺄보 뒤 빨레
Le Caveau du Palais
생미셸 가 Boulevard Saint-Michel
세트 샤펠 성당
Sainte-Chapelle
콩시에르주리
Conciergerie
셰 글라딘 레알점
Chez Gladines
선셋-선사이드 재즈바
Sunset-Sunside
샤뜰레 역
Châtelet
시떼 역
Cité
시떼섬
경찰청
Préfecture de Police
생 미셸 역
Saint-Michel
생 미셸 분수
Fontaine Saint-Michel
위셰뜨 가 Rue de la Huchette
르 꺄보 들 라 위셰뜨
Le Caveau de la Huchette
셰익스피어 앤 컴퍼니 서점
Shakespeare & Company
더 티 캐디
The Tea Caddy
르 꺄보 데 우블리에뜨
Le Caveau des Oubliettes
생 쥘리앙 르 뽀브흐 성당
Church of Saint-Julien-le-Pauvre
셰익스피어 앤 컴퍼니 카페
Shakespeare and Company Café
노트르담 대성당
Cathédrale Notre-Dame de Paris
요한 23세 광장
Square Jean-XXIII
생루이 다리
Pont Saint-Louis
오베르쥬 들 라 렌느 블랑슈
Auberge de la Reine Blanche
베르띠용 아이스크림
Berthillon Glacier
아 라 크루아 파티시에
A. Lacroix Pâtissier
익스프레스 슈퍼마켓
Express
뚜흐넬르 가 Quai de la Tournelle
생루이섬
쉴리 다리
Pont de Sully
아랍 세계 연구소
Institut du Monde Arabe
소르본 대학교
Université Paris-Sorbonne
생미셸 가 Boulevard Saint-Michel
뤽상부르 RER 역
Luxemburg
뤽상부르 공원
Le jardin du Luxembourg
거트루드 스타인의 아파트
Apartment de Gertrude Stein
생떼티엔 뒤 몽 성당
Église Saint-étienne-du-Mont
팡테옹
Panthéon
까흐디날 르무안느 가
어니스트 헤밍웨이의 아파트
Apartment de Ernest Hemingway
꽁트르스카프 광장
Place de la Contrescarpe
몽쥬 가 Rue Monge
쁠라스 몽쥬 역
Place Monge
무프타르 거리 Rue Mouffetard
라 메종 데 따흐뜨
La Maison des Tartes
몽쥬 광장
Place Monge
몽쥬 약국
Pharmacie Monge
우체국
LA POSTE
파리 식물원
Jardin des Plantes
자연사 박물관
Grande Galerie de l'évolution
Restaurant Mosquée de Paris
모스크 카페 & 레스토랑
N
0
200m
400m
D
E
F
1
2
3
4

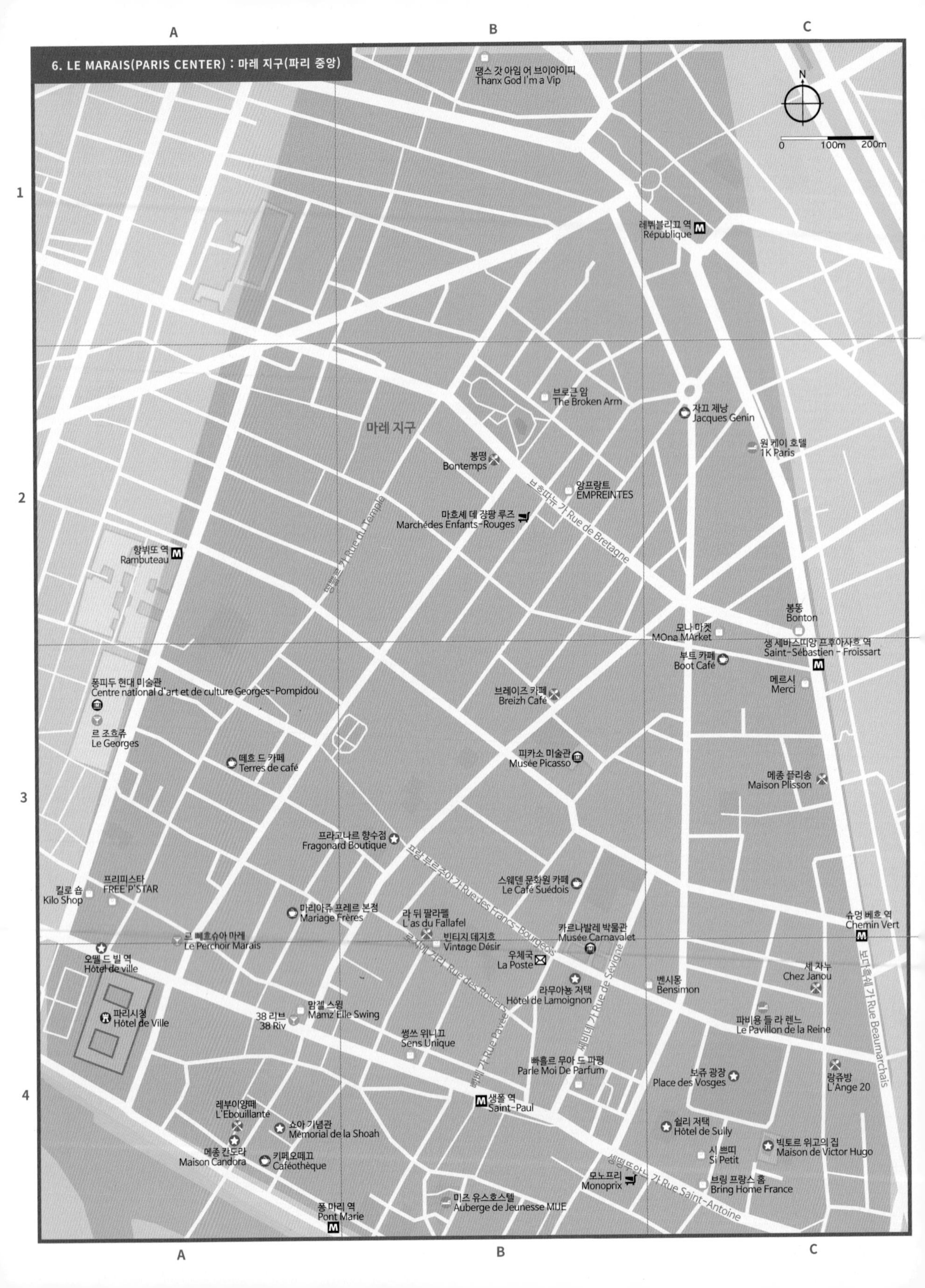

6. LE MARAIS(PARIS CENTER) : 마레 지구(파리 중앙)
A
B
C
1
2
3
4
N
0
100m
200m
땡스 갓 아임 어 브이아이피
Thanx God I'm a Vip
레퓌블리끄 역
République
브로큰 암
The Broken Arm
자끄 제냉
Jacques Genin
원 케이 호텔
1K Paris
마레 지구
봉뗑
Bontemps
앙프랑트
EMPREINTES
보흐따뉴 가 Rue de Bretagne
마흐셰 데 장팡 루즈
Marchédes Enfants-Rouges
땅쁠 가 Rue du Temple
항뷔또 역
Rambuteau
봉똥
Bonton
모나 마켓
MOna MArket
생 세바스띠앙 프후아사흐 역
Saint-Sébastien - Froissart
부트 카페
Boot Café
메르시
Merci
퐁피두 현대 미술관
Centre national d'art et de culture Georges-Pompidou
브레이즈 카페
Breizh Café
르 조흐쥬
Le Georges
떼흐 드 카페
Terres de café
피카소 미술관
Musée Picasso
메종 플리송
Maison Plisson
프라고나르 향수점
Fragonard Boutique
프랑 부르주아 가 Rue des Francs-Bourgeois
스웨덴 문화원 카페
Le Café Suédois
킬로 숍
Kilo Shop
프리피스타
FREE P'STAR
마리아쥬 프레르 본점
Mariage Frères
라 뒤 팔라펠
L'as du Fallafel
카르나발레 박물관
Musée Carnavalet
슈멍 베흐 역
Chemin Vert
르 뻬흐슈아 마레
Le Perchoir Marais
빈티지 데지흐
Vintage Désir
로지에 가 Rue des Rosiers
오뗄 드 빌 역
Hôtel de ville
우체국
La Poste
세 자누
Chez Janou
라무아뇽 저택
Hôtel de Lamoignon
벤시몽
Bensimon
세비녜 가 Rue de Sévigné
보마르셰 가 Rue Beaumarchais
파리시청
Hôtel de Ville
맘젤 스윙
Mamz'Elle Swing
38 리브
38 Riv
파비용 들 라 렌느
Le Pavillon de la Reine
썽쓰 위니끄
Sens Unique
빠흘르 무아 드 파펑
Parle Moi De Parfum
빠베 가 Rue Pavée
보쥬 광장
Place des Vosges
랑쥬방
L'Ange 20
생폴 역
Saint-Paul
레부이양떼
L'Ebouillanté
쇼아 기념관
Mémorial de la Shoah
쉴리 저택
Hôtel de Sully
메종 칸도라
Maison Candora
카페오떼끄
Caféothèque
빅토르 위고의 집
Maison de Victor Hugo
시 쁘띠
Si Petit
생떵뚜안느 가 Rue Saint-Antoine
모노프리
Monoprix
브링 프랑스 홈
Bring Home France
퐁 마리 역
Pont Marie
미즈 유스호스텔
Auberge de Jeunesse MIJE

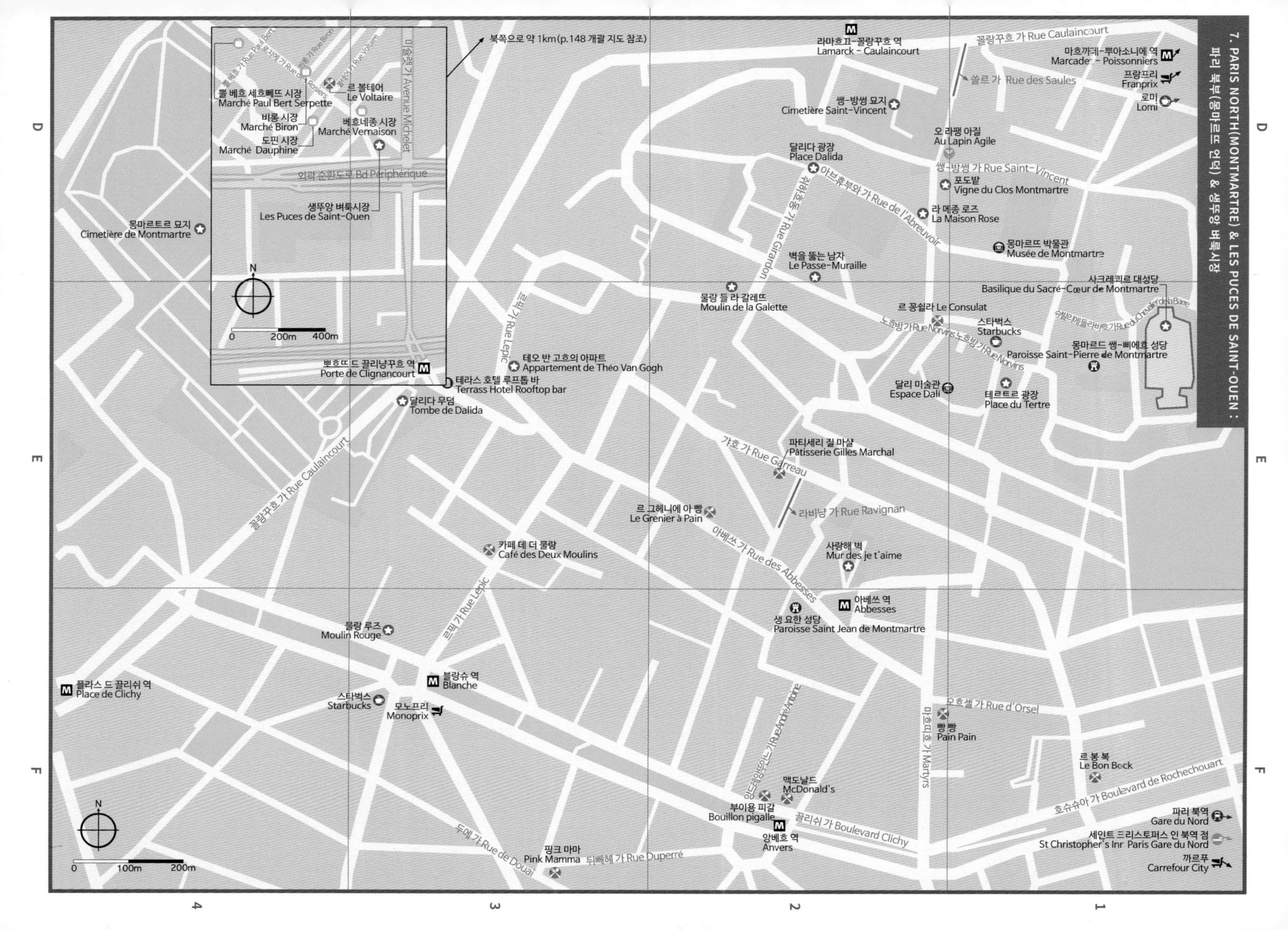

7. PARIS NORTH(MONTMARTRE) & LES PUCES DE SAINT-OUEN :
파리 북부(몽마르뜨 언덕) & 생뚜앙 벼룩시장
D
E
F
1
2
3
4
북쪽으로 약 1km(p.148 개괄 지도 참조)
뽈 베흐 세흐뻬뜨 시장 Marché Paul Bert Serpette
비롱 시장 Marché Biron
도핀 시장 Marché Dauphine
르 볼테어 Le Voltaire
베흐네종 시장 Marché Vernaison
미슐렛 가 Avenue Michelet
외곽 순환도로 Bd Périphérique
생뚜앙 벼룩시장 Les Puces de Saint-Ouen
N
0
200m
400m
뽀흐뜨 드 끌리냥꾸흐 역 Porte de Clignancourt
몽마르트르 묘지 Cimetière de Montmartre
라마흐끄-꼴랑꾸흐 역 Lamarck - Caulaincourt
꼴랑꾸흐 가 Rue Caulaincourt
마흐꺄데-뿌아소니에 역 Marcade - Poissonniers
프랑프리 Franprix
로미 Lomi
쏠르 가 Rue des Saules
쌩-방썽 묘지 Cimetière Saint-Vincent
오 라팽 아질 Au Lapin Agile
달리다 광장 Place Dalida
쌩-방썽 가 Rue Saint-Vincent
포도밭 Vigne du Clos Montmartre
아브흐부와 가 Rue de l'Abreuvoir
쥐하흐동 가 Rue Girardon
라 메종 로즈 La Maison Rose
몽마르뜨 박물관 Musée de Montmartre
벽을 뚫는 남자 Le Passe-Muraille
사크레쾨르 대성당 Basilique du Sacré-Cœur de Montmartre
물랑 들 라 갈레뜨 Moulin de la Galette
르 꽁쉴라 Le Consulat
스타벅스 Starbucks
노흐빙 가 Rue Norvins
몽마르드 쌩-삐에흐 성당 Paroisse Saint-Pierre de Montmartre
르픽 가 Rue Lepic
테오 반 고흐의 아파트 Appartement de Théo Van Gogh
테라스 호텔 루프톱 바 Terrass Hotel Rooftop bar
달리다 무덤 Tombe de Dalida
달리 미술관 Espace Dalí
테르트르 광장 Place du Tertre
파티세리 질 마샬 Pâtisserie Gilles Marchal
갸흐 가 Rue Garreau
르 그헤니에 아 빵 Le Grenier à Pain
라비냥 가 Rue Ravignan
카페 데 더 물랑 Café des Deux Moulins
아베쓰 가 Rue des Abbesses
사랑해 벽 Mur des je t'aime
아베쓰 역 Abbesses
생 요한 성당 Paroisse Saint Jean de Montmartre
물랑 루즈 Moulin Rouge
르픽 가 Rue Lepic
블랑슈 역 Blanche
플라스 드 끌리쉬 역 Place de Clichy
스타벅스 Starbucks
모노프리 Monoprix
오흐셀 가 Rue d'Orsel
마흐띠흐 가 Martyrs
빵빵 Pain Pain
르 봉 복 Le Bon Bock
맥도날드 McDonald's
부이용 피갈 Bouillon pigalle
끌리쉬 가 Boulevard Clichy
앙베흐 역 Anvers
호슈슈아 가 Boulevard de Rochechouart
파리 북역 Gare du Nord
세인트 크리스토퍼스 인 북역 점 St Christopher's Inn Paris Gare du Nord
까르푸 Carrefour City
두에 가 Rue de Douai
핑크 마마 Pink Mamma
뒤뻬헤 가 Rue Duperré
N
0
100m
200m

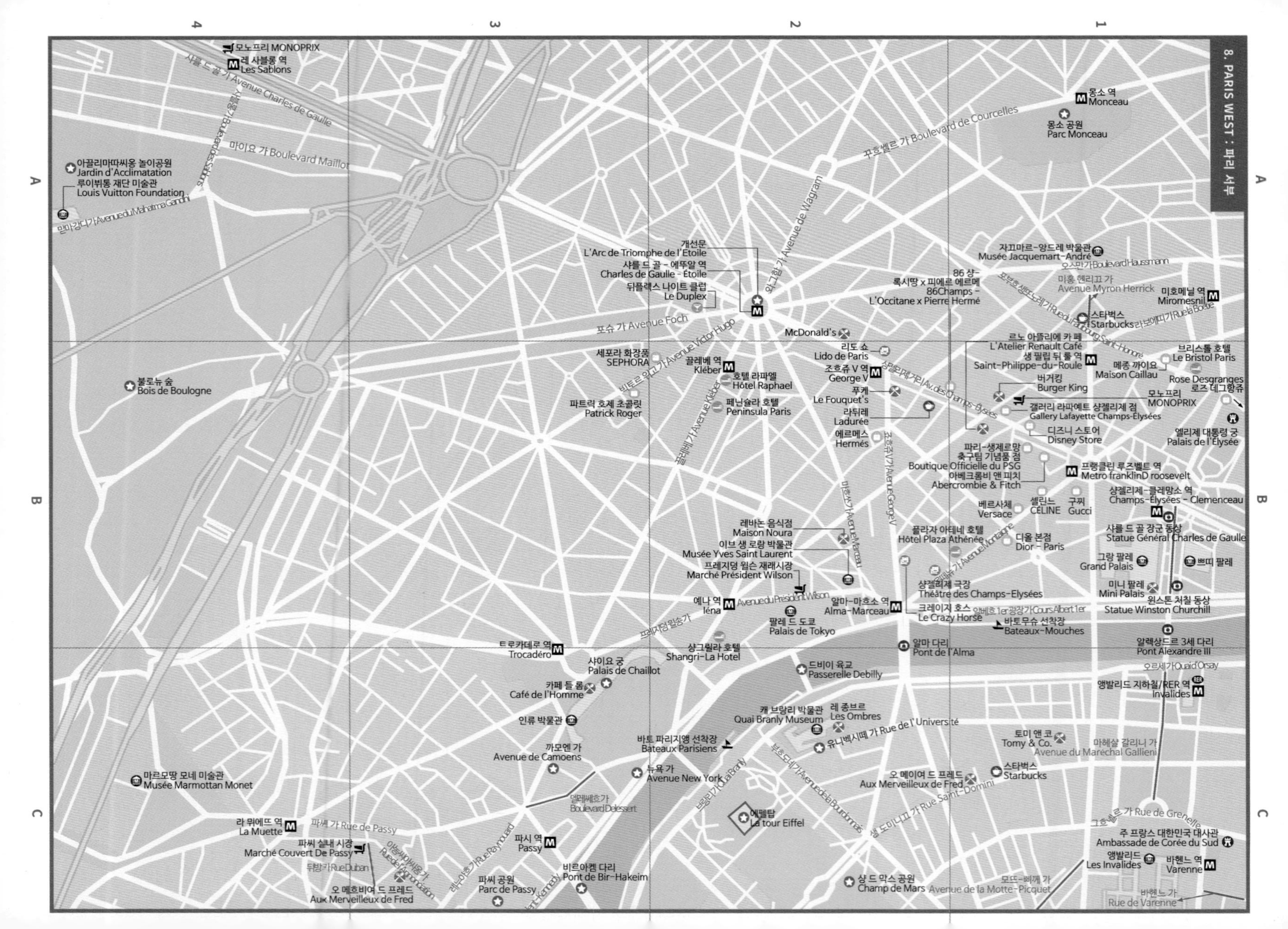
A
B
C
1
2
3
4
몽소 역 Monceau
몽소 공원 Parc Monceau
쿠르셀르 가 Boulevard de Courcelles
자끄마르-앙드레 박물관 Musée Jacquemart-André
오스만 가 Boulevard Haussmann
미홍 헨리끄 가 Avenue Myron Herrick
미로메닐 역 Miromesnil
라 보에티 가 Rue la Boétie
스타벅스 Starbucks
포부르 생토노레 가 Rue du Faubourg Saint-Honoré
86 샹-록시땅 x 피에르 에르메 86Champs - L'Occitane x Pierre Hermé
르노 아뜰리에 카페 L'Atelier Renault Café
생 필립 뒤 룰 역 Saint-Philippe-du-Roule
브리스톨 호텔 Le Bristol Paris
메종 까이요 Maison Caillau
Rose Desgranges 로즈 데그랑쥬
버거킹 Burger King
모노프리 MONOPRIX
갤러리 라파예트 샹젤리제 점 Gallery Lafayette Champs-Elysées
디즈니 스토어 Disney Store
엘리제 대통령 궁 Palais de l'Élysée
파리-생제르망 축구팀 기념품 점 Boutique Officielle du PSG
아베크롬비 앤 피치 Abercrombie & Fitch
프랭클린 루즈벨트 역 Metro franklinD roosevelt
샹젤리제-클레망소 역 Champs-Élysées - Clemenceau
베르사체 Versace
셀린느 CÉLINE
구찌 Gucci
샤를 드 골 장군 동상 Statue Général Charles de Gaulle
플라자 아테네 호텔 Hôtel Plaza Athénée
디올 본점 Dior - Paris
몽테뉴 가 Avenue Montaigne
그랑 팔레 Grand Palais
쁘띠 팔레
미니 팔레 Mini Palais
윈스톤 처칠 동상 Statue Winston Churchill
샹젤리제 극장 Théâtre des Champs-Elysées
크레이지 호스 Le Crazy Horse
알베르 1er광장 가 Cours Albert 1er
바토무슈 선착장 Bateaux-Mouches
알렉상드르 3세 다리 Pont Alexandre III
오르세 가 Quai d'Orsay
앵발리드 지하철/RER 역 Invalides
알마 다리 Pont de l'Alma
개선문 L'Arc de Triomphe de l'Etoile
샤를 드 골 - 에뚜알 역 Charles de Gaulle - Étoile
뒤플렉스 나이트 클럽 Le Duplex
와그람 가 Avenue de Wagram
포슈 가 Avenue Foch
McDonald's
리도 쇼 Lido de Paris
조르쥬 V 역 George V
샹젤리제 가 Av. des Champs-Elysées
푸케 Le Fouquet's
라뒤레 Ladurée
에르메스 Hermès
조르쥬 V 가 Avenue George V
마르소 가 Avenue Marceau
세포라 화장품 SEPHORA
빅토르 위고 가 Avenue Victor Hugo
끌레베 역 Kléber
호텔 라파엘 Hôtel Raphael
페닌슐라 호텔 Peninsula Paris
끌레베 가 Avenue Kléber
파트릭 호제 초콜릿 Patrick Roger
불로뉴 숲 Bois de Boulogne
레바논 음식점 Maison Noura
이브 생 로랑 박물관 Musée Yves Saint Laurent
프레지덩 윌슨 재래시장 Marché Président Wilson
예나 역 Iéna
프레지덩 윌송 가 Avenue du Président Wilson
알마-마르소 역 Alma-Marceau
팔레 드 도쿄 Palais de Tokyo
샹그릴라 호텔 Shangri-La Hotel
트로카데로 역 Trocadéro
샤이요 궁 Palais de Chaillot
카페 드 롬 Café de l'Homme
인류 박물관
드비이 육교 Passerelle Debilly
캐 브랑리 박물관 Quai Branly Museum
레 종브르 Les Ombres
유니벡시떼 가 Rue de l'Université
바토 파리지앵 선착장 Bateaux Parisiens
까모엔 가 Avenue de Camoens
뉴욕 가 Avenue New York
브랑리 가 Quai Branly
부르도네 가 Avenue de la Bourdonnais
에펠탑 La tour Eiffel
토미 앤 코 Tomy & Co.
마레샬 갈리니 가 Avenue du Maréchal Gallieni
오 메이여 드 프레드 Aux Merveilleux de Fred
스타벅스 Starbucks
생 도미니끄 가 Rue Saint-Dominique
그르넬 가 Rue de Grenelle
주 프랑스 대한민국 대사관 Ambassade de Corée du Sud
앵발리드 Les Invalides
바렌느 역 Varenne
바렌느 가 Rue de Varenne
샹 드 막스 공원 Champ de Mars
모뜨-삐께 가 Avenue de la Motte-Picquet
마르모땅 모네 미술관 Musée Marmottan Monet
라 뮈에뜨 역 La Muette
파씨 가 Rue de Passy
파씨 실내 시장 Marché Couvert De Passy
뒤방 가 Rue Duban
오 메흐비여 드 프레드 Aux Merveilleux de Fred
파시 역 Passy
파씨 공원 Parc de Passy
비르아켐 다리 Pont de Bir-Hakeim
들레세르 가 Boulevard Delessert
레누아흐 가 Rue Raynouard
모노프리 MONOPRIX
레 사블롱 역 Les Sablons
샤를 드 골 가 Avenue Charles de Gaulle
마이요 가 Boulevard Maillot
사블롱 가 Boulevard des Sablons
아끌리마따씨옹 놀이공원 Jardin d'Acclimatation
루이뷔통 재단 미술관 Louis Vuitton Foundation
마하트마 간디 가 Avenue du Mahatma Gandhi

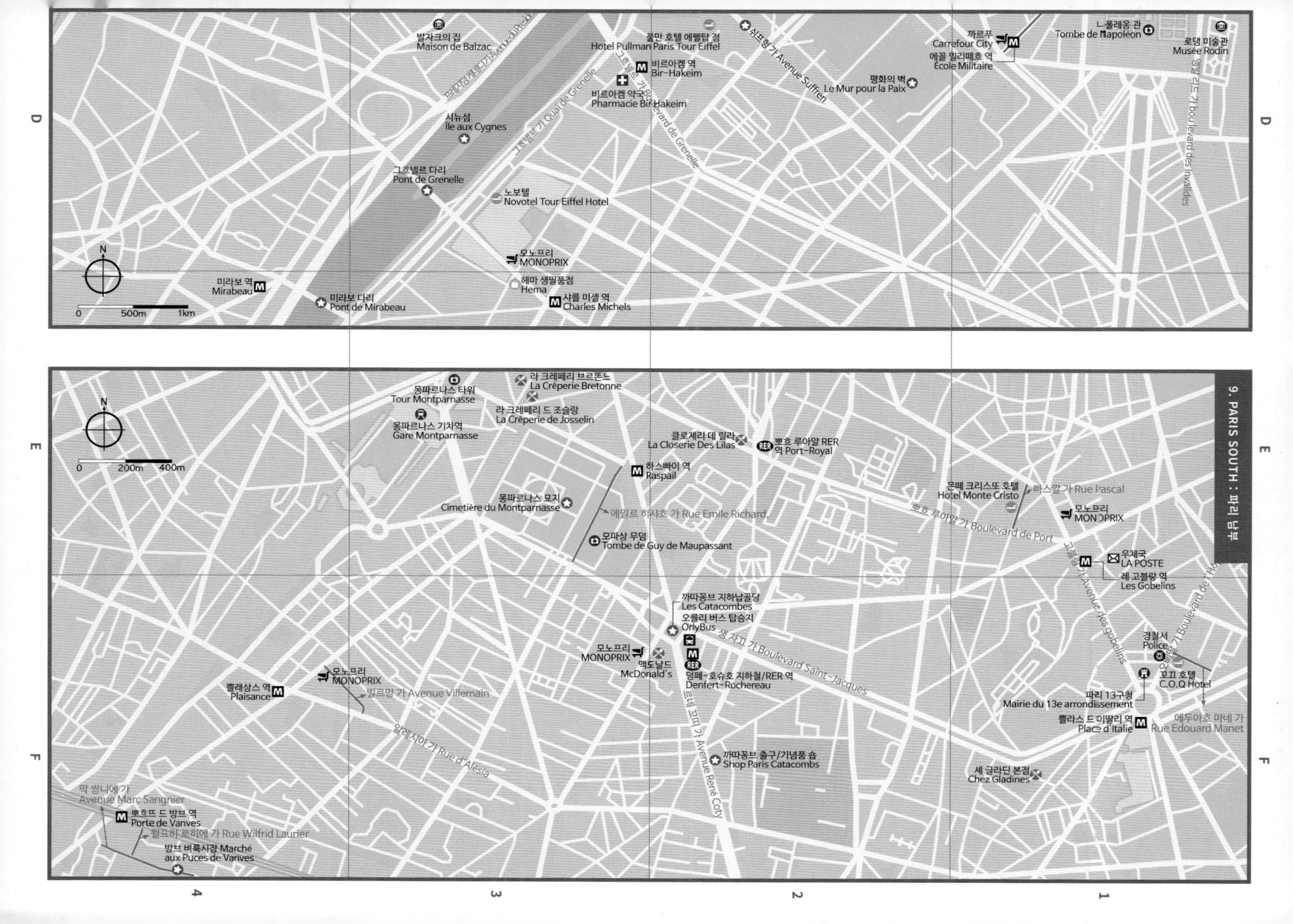
발자크의 집 Maison de Balzac
풀만 호텔 에펠탑 점 Hotel Pullman Paris Tour Eiffel
쉬프렁 가 Avenue Suffren
까르푸 Carrefour City
나폴레옹 관 Tombe de Napoléon
로댕 미술관 Musée Rodin
비르아켐 역 Bir-Hakeim
에콜 밀리떼흐 역 École Militaire
평화의 벽 Le Mur pour la Paix
비르아켐 약국 Pharmacie Bir-Hakeim
그흐넬르 가 Boulevard de Grenelle
앵발리드 가 boulevard des Invalides
시뉴섬 Île aux Cygnes
그흐넬르 가 Quai de Grenelle
그흐넬르 다리 Pont de Grenelle
노보텔 Novotel Tour Eiffel Hotel
모노프리 MONOPRIX
미라보 역 Mirabeau
헤마 생필품점 Hema
미라보 다리 Pont de Mirabeau
샤를 미셸 역 Charles Michels
0 500m 1km
N
9. PARIS SOUTH : 파리 남부
몽파르나스 타워 Tour Montparnasse
라 크레페리 브르또느 La Crêperie Bretonne
라 크레페리 드 조슬랑 La Crêperie de Josselin
몽파르나스 기차역 Gare Montparnasse
클로제리 데 릴라 La Closerie Des Lilas
뽀흐 루아얄 RER 역 Port-Royal
하스빠이 역 Raspail
0 200m 400m
몽떼 크리스또 호텔 Hotel Monte Cristo
빠스깔 가 Rue Pascal
몽파르나스 묘지 Cimetière du Montparnasse
에밀르 히샤흐 가 Rue Emile Richard
모노프리 MONOPRIX
뽀흐 루아얄 가 Boulevard de Port
모파상 무덤 Tombe de Guy de Maupassant
우체국 LA POSTE
레 고블랭 역 Les Gobelins
고블랭 가 Avenue des gobelins
까따꽁브 지하납골당 Les Catacombes
오를리 버스 탑승지 OrlyBus
경찰서 Police
모노프리 MONOPRIX
맥도날드 McDonald's
생 자끄 가 Boulevard Saint-Jacques
오삐딸 가 Boulevard de l'Hô
꼬끄 호텔 C.O.Q Hotel
모노프리 MONOPRIX
쁠래상스 역 Plaisance
덩페-호슈호 지하철/RER 역 Denfert-Rochereau
파리 13구청 Mairie du 13e arrondissement
빌르망 가 Avenue Villemain
쁠라스 드 이딸리 역 Place d'Italie
에두아흐 마네 가 Rue Edouard Manet
알레시아 가 Rue d'Alésia
르네 꼬띠 가 Avenue René Coty
까따꽁브 출구/기념품 숍 Shop Paris Catacombs
셰 글라딘 본점 Chez Gladines
막 쌍니에 가 Avenue Marc Sangnier
뽀흐뜨 드 방브 역 Porte de Vanves
윌프히 로히에 가 Rue Wilfrid Laurier
방브 벼룩시장 Marché aux Puces de Vanves
D
E
F
1
2
3
4

Writer
이지앤북스 편집팀

Publisher
송민지 Minji Song

Managing Director
한창수 Changsoo Han

Writer
이연실 Yonshil Lee

Editor
황정윤 Jeongyun Hwang

Designers
김혜진 Hyejin Kim
김영광 Youngkwang Kim

Illustrators
김달로 dallowkim
이설이 Sulea Lee

Publishing
도서출판 피그마리온

Brand
easy&books
easy&books는 도서출판 피그마리온의 여행 출판 브랜드입니다.

Tripful

Issue No.12

ISBN 979-11-91657-04-3
ISBN 979-11-85831-30-5 (세트)
ISSN 2636-1469
등록번호 제313-2011-71호 등록일자 2009년 1월 9일
초판 1쇄 발행일 2019년 2월 15일
초판 2쇄 발행일 2019년 8월 12일
개정판 1쇄 발행일 2022년 4월 28일
개정판 2쇄 발행일 2022년 7월 10일
개정판 3쇄 발행일 2023년 3월 27일

서울시 영등포구 선유로 55길 11, 6층 TEL 02-516-3923
www.easyand.co.kr

EASY & BOOKS

트래블 콘텐츠 크리에이티브 그룹 이지앤북스는
2001년 창간한 <이지 유럽>을 비롯해, <트립풀> 시리즈 등
북 콘텐츠를 메인으로 다양한 여행 콘텐츠를 선보입니다.
또한, 작가, 일러스트레이터 등과의 협업을 통해 여행 콘텐츠
시장의 선순환 구조를 만드는 데 이바지하고 있습니다.

EASY & LOUNGE

이지앤북스에서 운영하는 여행콘텐츠 라운지 '늘NEUL'은
책과 커피, 여행이 함께하는 공간입니다. 큐레이션 도서와
소품, 다양한 이벤트를 통해 일상을 여행의 설렘으로 가득 채워
보세요.

서울 영등포구 선유로55길 11 1층
www.instagram.com/neul_lounge

www.easyand.co.kr
www.instagram.com/tripfulofficial
blog.naver.com/pygmalionpub